Raspberry Pi Zero ではじめよう！
おうちで楽しむIoTレシピ

平 愛美／著

本書内容に関するお問い合わせについて

　このたびは翔泳社の書籍をお買い上げいただき、誠にありがとうございます。弊社では、読者の皆様からのお問い合わせに適切に対応させていただくため、以下のガイドラインへのご協力をお願い致しております。下記項目をお読みいただき、手順に従ってお問い合わせください。

●ご質問される前に

　弊社Webサイトの「正誤表」をご参照ください。これまでに判明した正誤や追加情報を掲載しています。

　　正誤表　https://www.shoeisha.co.jp/book/errata/

●ご質問方法

　弊社Webサイトの「書籍に関するお問い合わせ」をご利用ください。

　　書籍に関するお問い合わせ　https://www.shoeisha.co.jp/book/qa/

　インターネットをご利用でない場合は、FAXまたは郵便にて、下記"翔泳社 愛読者サービスセンター"までお問い合わせください。
　電話でのご質問は、お受けしておりません。

●回答について

　回答は、ご質問いただいた手段によってご返事申し上げます。ご質問の内容によっては、回答に数日ないしはそれ以上の期間を要する場合があります。

●ご質問に際してのご注意

　本書の対象を越えるもの、記述個所を特定されないもの、また読者固有の環境に起因するご質問等にはお答えできませんので、予めご了承ください。

●郵便物送付先およびFAX番号

　　送付先住所　〒160-0006　東京都新宿区舟町5
　　FAX番号　　03-5362-3818
　　宛先　　　　（株）翔泳社 愛読者サービスセンター

※本書に記載されたURL等は予告なく変更される場合があります。
※本書の出版にあたっては正確な記述につとめましたが、著者や出版社などのいずれも、本書の内容に対してなんらかの保証をするものではなく、内容やサンプルに基づくいかなる運用結果に関してもいっさいの責任を負いません。
※本書に掲載されているサンプルプログラムやスクリプト、および実行結果を記した画面イメージなどは、特定の設定に基づいた環境にて再現される一例です。
※本書に記載されている会社名、製品名はそれぞれ各社の商標および登録商標です。

目次

**第1章　650円で買えるマイコンボード「Raspberry Pi Zero」で　　7
　　　　IoTを始めよう！〜環境構築とLチカのレシピ**

　1.1　始めに　　　　　　　　　　　　　　　　　　　　　　　8
　1.2　Raspberry Piとは？　　　　　　　　　　　　　　　　　8
　1.3　準備するもの　　　　　　　　　　　　　　　　　　　　10
　1.4　Raspbianのインストール　　　　　　　　　　　　　　13
　1.5　Raspbianの初期設定　　　　　　　　　　　　　　　　19
　1.6　LEDを点滅させる「Lチカ」プログラムを作ってみよう　33

**第2章　Raspberry Piでセンサーを使ってみよう　　　　　　37
　　　　〜温湿度センサーの値をSlackに通知するレシピ**

　2.1　センサーとは何か？　　　　　　　　　　　　　　　　　38
　2.2　温湿度センサーの紹介　　　　　　　　　　　　　　　　38
　2.3　前提条件　　　　　　　　　　　　　　　　　　　　　　38
　2.4　配線する　　　　　　　　　　　　　　　　　　　　　　39
　2.5　必要パッケージをインストールする　　　　　　　　　　39
　2.6　温湿度センサーのサンプルプログラムを実行する　　　　40
　2.7　カンマ区切りで時間とセンサーデータを取得しよう　　　41
　2.8　温湿度センサーの値をSlackに通知する　　　　　　　　43
　2.9　Slackwebのセットアップ　　　　　　　　　　　　　　45
　2.10　温湿度をSlackへ投稿する　　　　　　　　　　　　　46
　2.11　まとめ　　　　　　　　　　　　　　　　　　　　　　47

**第3章　Raspberry PiとMicrosoft Azureを連携して　　　　49
　　　　IoTを活用しよう**

　3.1　Microsoft Azureへサインアップしよう　　　　　　　50
　3.2　swapの領域を拡張する　　　　　　　　　　　　　　　50
　3.3　Microsoft Azure IoT SDKs for Pythonのインストール　51
　3.4　IoT Hubの設定　　　　　　　　　　　　　　　　　　52
　3.5　デバイスの登録　　　　　　　　　　　　　　　　　　　55
　3.6　動作テスト　　　　　　　　　　　　　　　　　　　　　57
　3.7　Raspberry Pi Azure IoT Web Simulatorの紹介　　　59

**第4章　Raspberry Pi Zero WとAzureでWebから操作できる　61
　　　　IoTクリスマスツリーを作ってみよう**

　4.1　IoTクリスマスツリーの仕組み　　　　　　　　　　　　62
　4.2　用意するもの　　　　　　　　　　　　　　　　　　　　63
　4.3　クリスマスツリーの飾り付け　　　　　　　　　　　　　63

4.4	LEDの下準備	64
4.5	配線	66
4.6	Web Appの作成と設定	67
4.7	Subscriberの設定	72
4.8	ブラウザーの確認と動作テスト	73
4.9	バックグラウンドで動作させたいとき	74
4.10	まとめ	74

第5章　Raspberry PiとWindowsマシンを接続したい！　　75
あると便利なUSB-TTL変換キット「AKIT-DTR340MC」

5.1	シリアル接続の利点	76
5.2	考えられる用途	76
5.3	Raspberry PiとAKIT-DTR340MCの接続方法	77
5.4	PCとの接続方法	78
5.5	まとめ	81

第6章　Raspberry Pi Zeroから自宅のNASにアクセスしてみよう　83

6.1	NASを活用してみよう	84
6.2	使用する環境	84
6.3	Raspberry Pi Zero WでNASを自動的にマウントする	84
6.4	まとめ	87

第7章　Raspberry Pi Zeroとカメラを接続して定点観測しよう　89

7.1	Raspberry Pi Zero用のカメラで撮影してみよう	90
7.2	カメラモジュールを接続する	91
7.3	カメラインタフェースの有効化	92
7.4	撮影テストを行う	92
7.5	Raspberry Pi Zeroで撮影したデータをNASへ保存する	93
7.6	応用編：timerを使ってみよう	94
7.7	まとめ	97

第8章　Raspberry Pi Zeroとクラウドストレージ　　99
「Azure Files」を連携しよう

8.1	Raspberry Pi Zero Wからクラウドストレージ「Azure Files」へ ファイルを送信	100
8.2	ストレージの作成および設定	101
8.3	Raspberry Pi Zero WからAzure Filesをマウントする方法	104
8.4	smbclientコマンドを使ったファイル送信	107
8.5	ファイルのアップロードをしてみよう	108
8.6	まとめ	110

第9章　Raspberry Pi ZeroでIoTプラレールを作ってみよう　111
　　　　　　～プラレールに基板を実装する

　9.1　IoTプラレールを制御する仕組み　112

　9.2　用意するもの　113

　9.3　IoTプラレールの仕組み　114

　9.4　IoTプラレール 基板実装 制御系その1：ProtoZeroおよび
　　　　電源系の紹介　116

　9.5　IoTプラレール 基板実装 制御系その2：モータードライバー　119

　9.6　IoTプラレール 基板実装 駆動系：DC-DCコンバーター　120

　9.7　まとめ　122

第10章　Raspberry Pi ZeroでIoTプラレールを作ってみよう　123
　　　　　　～PythonとAzureでWebアプリから制御する

　10.1　IoTプラレールをPythonのコードで動かす～テスト走行　124

　10.2　AzureでIoTマスコンを作ってみよう　127

　10.3　子どもとの楽しい遊び方　132

　10.4　最後に　133

第 **1** 章

650円で買えるマイコンボード「Raspberry Pi Zero」でIoTを始めよう！～環境構築とLチカのレシピ

本書では、約650円で買えるマイコンボード Raspberry Pi Zero を使って、ITエンジニアが IoT を学んだり、家族で楽しんだりできる IoT レシピをご紹介していきます。本章では、Raspberry Pi Zero でLチカ（LED をチカチカさせること）をするまでに必要な環境構築について紹介します。

1.1 始めに

平 愛美（@mana_cat[注1]）と申します。本業はITエンジニアで、6歳と2歳の子ども（男児）がいます。趣味でブログ[注2]を更新しております。

なぜITエンジニアの私がRaspberry Pi ZeroでIoTをしているかというと、長男の言葉がきっかけとなっています。

長男が4歳だった頃、鉄道オモチャのプラレールをリモコン操縦できるコントローラーを持ってきて、「リモコンが壊れてしまった。ママはどうしてオモチャを修理できないの？」と泣いていたことがありました。泣いている長男を見て、IoTを使って「IoTプラレール」を実現できないかと思いました。

Raspberry Pi Zeroを用いたのはプラレールの貨車に搭載できるサイズとしてもちょうどよく、価格も日本円で約650円とお手頃だったためです。それから試行錯誤をしながら、電子工作とIoTにチャレンジして今に至ります。

本書では、Raspberry Pi Zero W初心者でも試せる楽しい作例を、最終的にはIoTプラレールを作ってみるところまで、レシピ形式で紹介していきます。

なお、本書は連載執筆時の2017～2018年の情報に基づいております。あらかじめご了承ください。

本書のサンプルダウンロード

本書で紹介したサンプルコードは、次のリポジトリから取得できます。

「Raspberry Pi Zero で始めよう！ おうちで楽しむ IoT レシピ」サンプルコード集（Git Hub）
https://github.com/manami-taira/CodeZine_RasPiZero

1.2 Raspberry Piとは？

Raspberry Piは、英国のRaspberry Pi財団によって開発されている小さなコンピューターです。

日本では「ラズパイ」という愛称で親しまれています。Raspberry PiにはRaspberry Pi Bや、Raspberry Pi 3などたくさんの種類があります。本書では、その中でも低コストと小ささを追求したRaspberry Pi Zero Wを使います。

注1) https://twitter.com/mana_cat

注2) https://www.mana-cat.com/

Raspberry Piが開発された目的

　Raspberry Piを開発しているRaspberry Pi財団は英国に拠点を置く慈善事業団体で、子ども向けのプログラミング教育や、コンピューターサイエンスを学ぶ機会を与えることを目的として、2008年に設立されました。Raspberry Piが販売開始されたのは2011年5月からで、2016年9月には世界での販売台数が1000万台を突破しました。
　公式サイトを覗いてみても、教育目的であることが分かりますね。

Raspberry Pi公式サイト
　　https://www.raspberrypi.org/

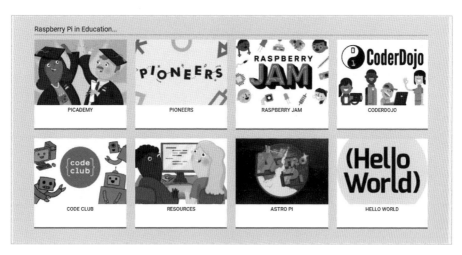

● 公式サイト

　また、Raspberry Piの発売当初はあくまでも教育目的であり、プロトタイプを組むために用いられるコンピューターという位置づけでしたが、近年では産業分野でも注目されています。組込機器にRaspberry Piを搭載させるためのモジュール「Compute Module 3」も販売されています。
　教育目的だけではなく、ゲームを作ったり電子工作と組み合わせてIoTを体感したり、楽しみ方は無限大に広がります。最近では、ロボット制御のミドルウェア「ROS」にRaspberry Piが活用されています。

参考：ラズパイで動くロボット「GoPiGo」をつかって遠隔見守りロボットを作ろう (1)
　　https://codezine.jp/article/detail/9829

Raspberry Pi Zeroとは

　本書で取り上げるRaspberry Pi Zeroはフリスクケース程度の大きさで、重量は9.0g。約650円の手頃さで、どんなプロジェクトでも活用できる小さいコンピューターです。
　本体の仕様は、次の通りです。

Raspberry Pi Zero（v1.3）

- 2019年2月現在
- 寸法：65 × 31 × 5 mm
- 重量：9.0g
- 税抜価格：約600円（2019年2月現在）
- CPU ：1GHz
- メモリ：512MB RAM
- ストレージ：microSD メモリーカードスロット
- 映像出力： MiniHDMI
- カメラコネクター：Raspberry Pi Zero 用カメラケーブルコネクター
- USB 2.0 ポート：microB OTG
- 電源：microUSB ソケット経由（+5V）
- GPIO ： 40 ピン GPIO ヘッダ（※後述の通り、ピンヘッダのはんだ付けが必要です）

Raspberry Pi Zero W とは

Raspberry Pi Zero W は、Raspberry Pi Zero（v1.3）を拡張したものであり、次のような無線通信機能が搭載されています。価格は1300円程度と、こちらもお手頃です（2019年1月現在）。

- 802.11 b/g/n wireless LAN
- Bluetooth 4.1
- BLE（Bluetooth Low Energy）

1.3　準備するもの

まず Raspberry Pi Zero W を実際に動かすにあたって必要となるパーツについてご紹介します。

各種パーツは、既にご自宅にあるものを利用しても問題ありません。

前提条件と注意点

ここでは、Windows 10 で Raspberry Pi Zero W に OS イメージを書き込む例を紹介します。

OS イメージの書き込み時に SD カードスロットのある PC を使用しています。microSD カードを使用するときは、SD カードアダプターを別途準備します。

microSD カード本体は薄く、力を加えたりケースなどと干渉したりすると壊れてしまうことがあります。筆者はこれまでに3回ほど壊しました。力を加減しながら優しく扱いましょう。

Raspberry Pi Zero W は Wi-Fi/Bluetooth 内蔵モデルとなっています。インターネット接続には内蔵の Wi-Fi を使用することを前提として解説しています。ご自宅の無線 LAN 環境が Raspberry Pi Zero W の規格（802.11 b/g/n）と合うかご確認ください（Raspberry Pi Zero W の周波数帯域は 2.4GHz 帯のみ対応で、5GHz 帯には対応していません）。

Raspberry Pi Zero W のセットアップに必要なもの

Raspberry Pi Zero W 本体
　https://www.switch-science.com/catalog/3200/

MiniHDMI 変換アダプタ
　https://www.amazon.co.jp/dp/B004FWEUL0/

microUSB ケーブル（電源供給用）

USB マウス

USB キーボード

OTG HUB
　https://www.amazon.co.jp/exec/obidos/ASIN/B014KQQOV8/

USB AC アダプター 5V/2.0A
　https://www.switch-science.com/catalog/2109/

2.54mm ピッチ 2 × 20 ピンヘッダ
　https://www.switch-science.com/catalog/3287/

16GB microSD カード
　できれば Class 10 や速度が明記されている高速なものを選ぶこと

　必要なパーツを揃えるのが難しい場合、Raspberry Pi Zero W スターターキットがスイッチサイエンス社より販売されていますので、こちらを検討してみてはいかがでしょうか。

Raspberry Pi Zero W スターターキット
　https://www.switch-science.com/catalog/3561/

　Raspberry Pi Zero W は現在のところ安定供給には至っておらず、簡単に入手できない場合があります。個人輸入になりますが、英国の Pimoroni でも Raspberry Pi Zero W を販売しています。現在は技適マークを取得済みなので、日本国内でも安心して使用できます。もし国内での入手が難しい場合は、個人輸入にも視野に入れてみてはいかがでしょうか。

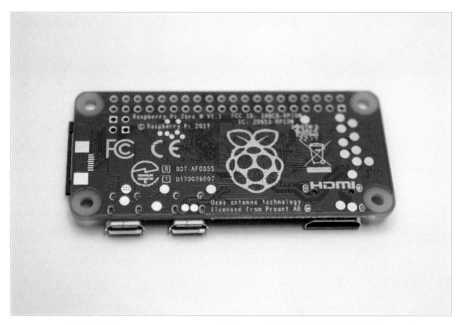

● Pimoroniで個人輸入したRaspberry Pi Zero W。技適マークと技術基準適合証明番号がプリントされている

PimoroniのRaspberry Pi Zero Wの販売ページ

https://shop.pimoroni.com/products/raspberry-pi-zero-w

また、セットアップの前に、Raspberry Pi Zero Wのピンヘッダをはんだ付けします。安全に注意し、はんだ付けを行っていきましょう。

なお、はんだごてがご自宅にない場合や、はんだ付けが苦手な場合は、ピンヘッダ装着済みのRaspberry Pi Zero WHがあるので、こちらを検討してみるとよいでしょう。

Raspberry Pi Zero WH

https://www.switch-science.com/catalog/3646/

電子工作に必要なもの

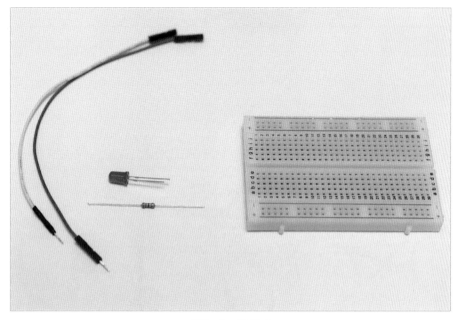

● 電子工作に必要なもの

ブレッドボード
　https://www.switch-science.com/catalog/313/
ジャンパーワイヤー（メス−オス）
　https://www.amazon.co.jp/gp/product/B00P9BVK0K
赤色 LED
抵抗（330 Ω〜1K Ω）

　これらの電子パーツは秋月電子通商や千石電商で購入するとよいでしょう。通信販売などでも購入できます。

1.4　Raspbianのインストール

　Raspberry Pi を動かすには PC と同様に OS が必要です。まずは Raspberry Pi Zero W にインストールする OS のイメージをダウンロードし、それを microSD カードに書き込みます。

OS イメージのダウンロード

　本章でインストールする Raspbian（ラズビアン）は、Raspberry Pi 財団が公式にサポートしている Linux のオペレーティングシステムです。

Raspbianは、Raspberry Pi上での動作に特化しており、教育、プログラミング、そして一般的用途のためのソフトウェアがプリインストールされています。代表的なソフトウェアの例として、Python、Scratch、Sonic Pi、Javaなどがあります。

RaspbianはNOOBSでインストールするか、次のイメージをダウンロードして、インストールガイドに従ってください。

DOWNLOAD RASPBIAN
https://www.raspberrypi.org/downloads/raspbian/

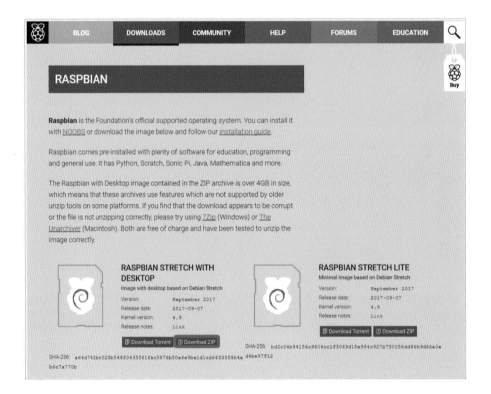

画像は旧バージョンです。最新バージョンでは、4.14と表示されます（以降の画像も同様に旧バージョンのため表示が異なることがあります。2019年2月現在）。

「RASPBIAN STRETCH WITH DESKTOP」の「Download ZIP」ボタンをクリックするとOSイメージをダウンロードできます。インターネット環境によっては、時間がかかる場合があります。

ダウンロード後、解凍します。

　Zip ファイルに含まれる Raspbian のイメージは 4GB を超えているため、一部の古い OS の解凍ツールではサポートされていない場合があります。ダウンロードしたイメージが破損しているときや、ファイルが正しく展開（解凍）されないときは、Windows の場合、7-Zip を使用してみてください。

7-Zip

　https://sevenzip.osdn.jp/

microSD カードへの書き込み方法について

　前提として、フォーマット済みの microSD カードを使用します。まだフォーマットが済んでいない場合は、SD メモリカードフォーマッターというツールで microSD を上書きフォーマットします。

SD メモリカードフォーマッター

　https://www.sdcard.org/jp/downloads/formatter_4/

15

　それでは、Raspbian を microSD カードに書き込みます。Windows の場合には Win32 Disk Imager というツールが推奨されています。
　こちらは SourceForge から無料でダウンロードできます。Download ボタンをクリックすると実行形式のインストーラーがダウンロードされますが、Zip 版をダウンロードすれば解凍するだけでツールを使用でき、インストールは不要です。

Win32 Disk Imager
　　https://sourceforge.net/projects/win32diskimager/

　Win32 Disk Imager を起動し、Image File に Raspbian のディスクイメージのパスを指定します。
　そして、Device から microSD カードのドライブレターを選択して、問題なければ「Write」をクリックします。

1.4 Raspbianのインストール

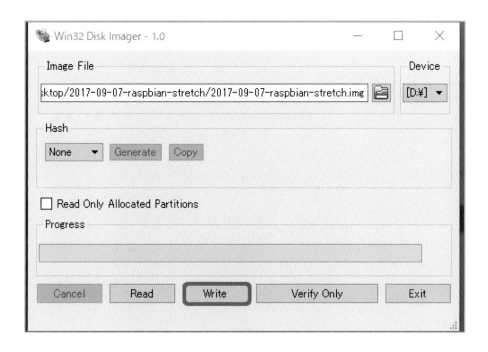

次のように、本当に書き込んでよいですか？とポップアップダイアログで質問されるので、「Yes」をクリックします。

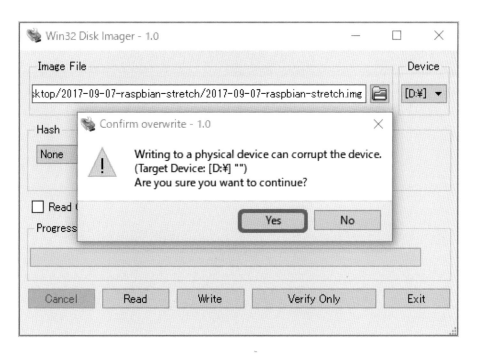

書き込み作業は時間がかかります。microSDカードの性能によって異なりますが、10分程度は必要です。

17

完了すると次のように表示されます。「OK」をクリックしたあとに「Exit」をクリックしてください。

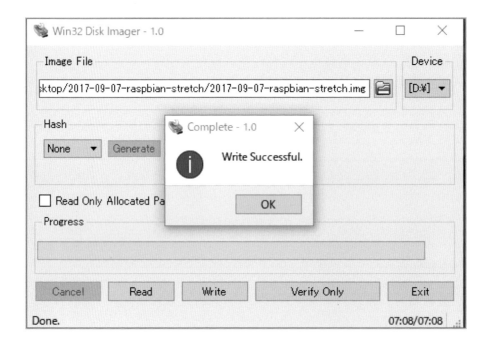

これでmicroSDカードにRaspbianのイメージが書き込まれました。

公式のインストールガイドは次のURLから参照できます。

Installing operating system images
https://www.raspberrypi.org/documentation/installation/installing-images/README.md

1.5 Raspbianの初期設定

Raspberry Pi Zero W に OS イメージ書き込み済みの microSD カードを差し込み、次の写真のように MiniHDMI ケーブル、microUSB ケーブル（マウス、キーボードなどの周辺機器接続用）、そして電源用の microUSB ケーブルを接続します。

最後に電源を入れて、接続先のディスプレイモニターに次のような初期画面が表示されているか確認します。セットアップまで数分かかるので、完了するまで待ちましょう。

セットアップが完了し、デスクトップ画面が表示されていることを確認します。

次に、Raspbianを最新の状態にセットアップします。その前に、Wi-Fiを有効にしてインターネットに接続できるように設定をしましょう。

Wi-Fiのセットアップ

デスクトップ画面の右上のネットワークアイコンを右クリックし、「Wireless & Wired Network Settings」を選択します。

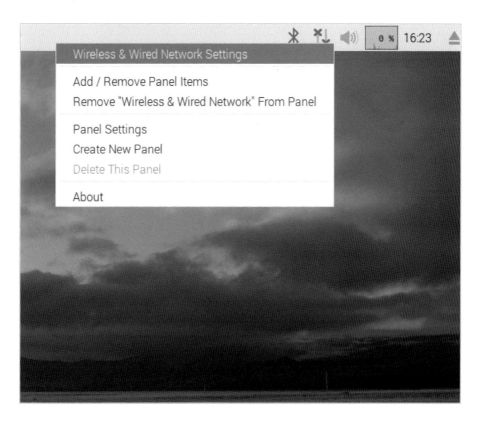

デフォルトではイーサネットが選択されているので、Wi-Fiに切り替えます。次のようにSSIDに変更し、「Apply」ボタンをクリックします。

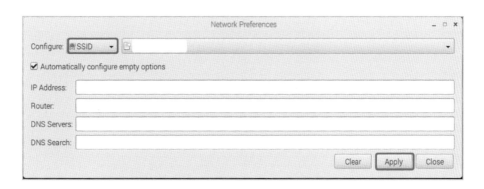

そして、もう一度右上のアイコンを選択して接続先のSSIDを選択し、「Pre Shared Key」にセキュリティーキーを入力したら「OK」ボタンをクリックします。

次のようなアイコンが表示されたら、Wi-Fiに接続されています。

ターミナルのショートカットアイコンをクリックしてターミナルを起動します。

次のようにpingコマンドを入力し、「Enter」キーを押します。

```
$ ping 8.8.8.8
PING 8.8.8.8 (8.8.8.8) 56(84) bytes of data.
64 bytes from 8.8.8.8: icmp_seq=1 ttl=57 time=7.84 ms
64 bytes from 8.8.8.8: icmp_seq=2 ttl=57 time=10.4 ms
64 bytes from 8.8.8.8: icmp_seq=3 ttl=57 time=13.2 ms
```

インターネットと通信できていることを確認できたら、「Ctrl」+「C」キーでキャンセルします。

SSHとI2Cの有効化

　SSH（Secure Shell）を有効にし、Tera Termなどのターミナルから接続できるようにします。デスクトップ画面左上のRaspberry Piスタートボタンをクリックし、「Preferences」→「Raspberry Pi Configuration」で設定画面を開きます。

「Interfaces」タブを選択し、SSH と I2C を「Enabled」に変更し、「OK」ボタンをクリックします。本書では SSH のほかに I2C を使用するので、こちらも事前に有効化しています。

Raspberry Pi Configuration

| System | Interfaces | Performance | Localisation |

Camera: ○ Enabled ◉ Disabled
SSH: ◉ Enabled ○ Disabled
VNC: ○ Enabled ◉ Disabled
SPI: ○ Enabled ◉ Disabled
I2C: ◉ Enabled ○ Disabled
Serial: ○ Enabled ◉ Disabled
1-Wire: ○ Enabled ◉ Disabled
Remote GPIO: ○ Enabled ◉ Disabled

Cancel   OK

Raspbianの日本語化

続いて設定画面の「Localisation」タブの設定で、Raspbianの環境を日本語化します。

初期設定ではデスクトップ環境は英語、タイムゾーンはUTC、キーボードレイアウトはUKになっています。

「ロケール」「タイムゾーン」「キーボード」「無線LANを使用する国」について必要に応じて変更していきましょう。

ロケール

- 言語：ja（Japanese）
- 国：JP（Japan）
- 文字セット：UTF-8

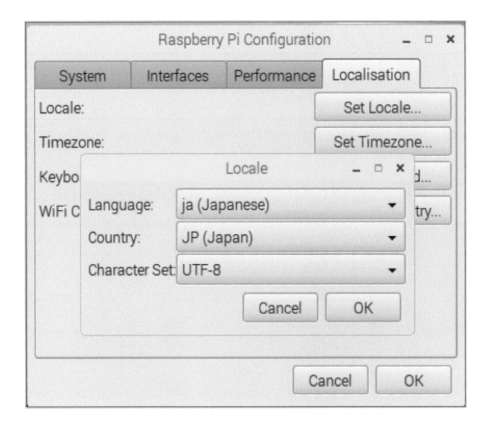

タイムゾーン

- 地域：Asia
- 位置：Tokyo

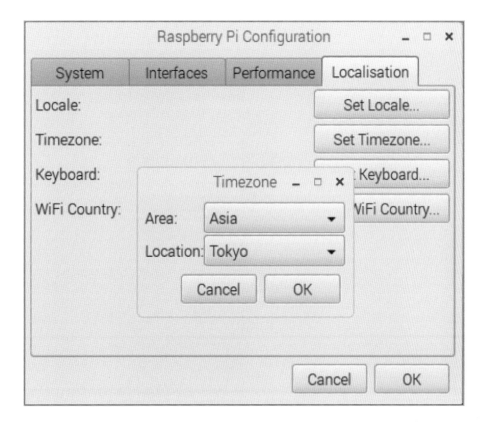

キーボード

使用しているキーボードに応じて変更します。標準的な日本語配列の場合、「Japan（Japanese）」を選択します。

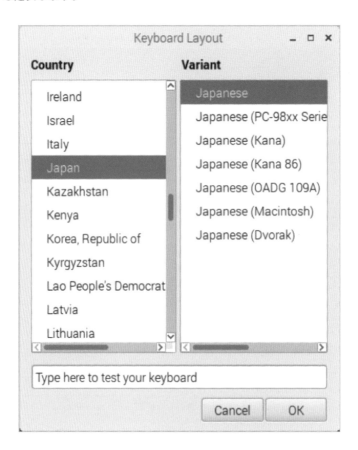

無線LANを使用する国

日本国内で使用するので、「JP Japan」を選択します。

- 国：JP Japan

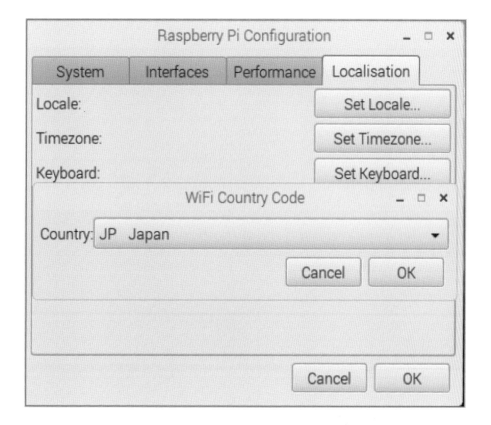

Raspbian の再起動

全て変更すると、次のように「設定を反映させるためには再起動が必要です」と表示されるので、「Yes」ボタンを押して Raspbian を再起動します。

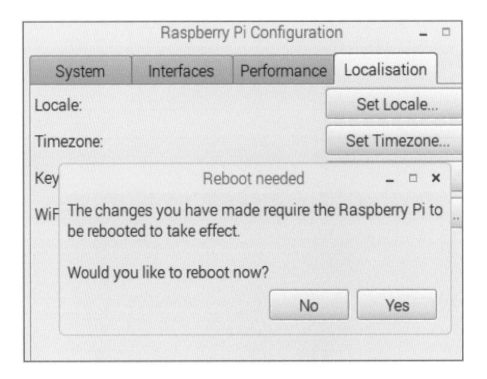

Raspbian 再起動後、デスクトップ環境が日本語化されているか、設定された通りになっているか確認してみましょう。

PCからSSHでラズパイに接続する

　Raspberry Pi ZeroそしてRaspberry Pi Zero Wは低コストを優先しているので、スペックはそれほど高くありません。GUIを動作をさせると処理が遅くなるなどの影響が出てしまいます。そのため、PCからTera Termで、Raspberry PiのIPアドレスを入力し、SSHでログインをして作業を進めます。

　Tera Termは次のWebページからダウンロードできます。

Tera Term
　　https://ja.osdn.net/projects/ttssh2/

　IPアドレスを確認したいときは、Raspbianのターミナルから次のコマンドを実行します。

```
$ ip a
```

　PCにインストール済みのTera TermからRaspberry Piへ接続するため、ホストにRaspberry PiのIPアドレスを入力して「OK」ボタンをクリックします。

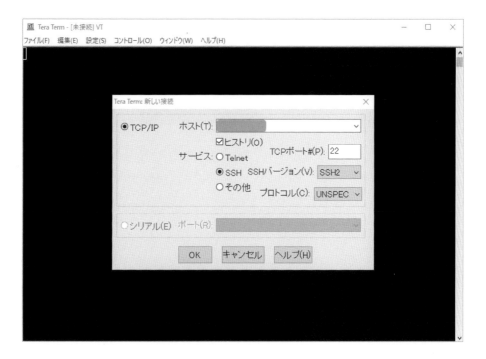

次の情報を入力し、「OK」ボタンを押してログインをします。

- ユーザ名：pi
- パスフレーズ：raspberry

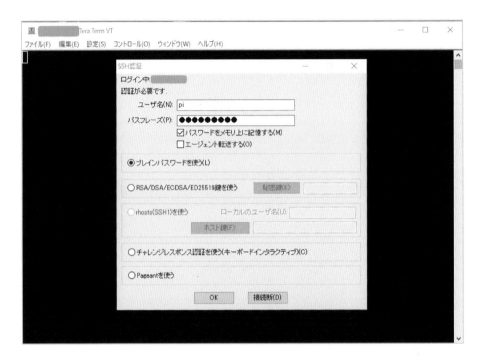

初期パスワードの変更

pi ユーザーの初期パスワードは raspberry です。SSH で接続する場合、セキュリティーの観点から、このパスワードは必ず変更するようにしてください。Raspberry Pi が踏み台にされてセキュリティー攻撃に加担するケースが報告されています。パスワードを変更するコマンドは、passwd コマンドです。

```
$ passwd
pi 用にパスワードを変更中
現在の UNIX パスワード：
新しい UNIX パスワードを入力してください：
新しい UNIX パスワードを再入力してください：
passwd：パスワードは正しく更新されました
```

プログラムのアップデート

次に、インストールされているプログラムをアップデートし、最新の状態に保ちます。これには、次の2つのコマンドを実行します。

```
$ sudo apt update
$ sudo apt upgrade
```

アップデートが完了したらRaspbianを再起動します。

```
$ sudo reboot
```

これで初期設定は全て完了しました。それでは、LEDを点滅させるプログラムを作ってみましょう。

1.6 LEDを点滅させる「Lチカ」プログラムを作ってみよう

Pythonを使ってサンプルプログラムを動かしてみましょう。
　作業を始める前に、次のコマンドでRaspbianをシャットダウンさせたあと、microUSBの電源を抜きます。安全に配線をしていきましょう。

```
$ sudo shutdown -h now
```

配線図

次の図のように配線をします。GPIOピンは24番を使用します。このとき、配線を間違えないように注意しながら作業をしましょう。

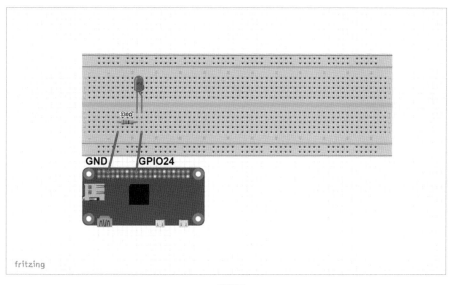

● 配線図

● 実際に配線されたときの写真

配線が終わったら、Raspberry Pi Zero W の電源を入れます。

サンプルプログラム

　Python でプログラムを作る前に、コマンドを実行して LED がどのように制御され、点灯するのか確認をしていきましょう。

　まず、GPIO24 ピンを使うことを宣言します。echo コマンドで仮想ファイルの /sys/class/gpio/export に使用する GPIO 番号が書き込まれます。

```
$ echo 24 > /sys/class/gpio/export
```

GPIO24 ピンを出力モード（OUT）に設定します。

```
$ echo out > /sys/class/gpio/gpio24/direction
```

GPIO24 ピンの値を 1（High）にすると、LED が点灯します。

```
$ echo 1 > /sys/class/gpio/gpio24/value
```

GPIO24 ピンの値を 0（Low）にすると、LED が消灯します。

```
$ echo 0 > /sys/class/gpio/gpio24/value
```

GPIO24 ピンを解放します。

```
$ echo 24 > /sys/class/gpio/unexport
```

Python プログラム

実際に Python を使ってプログラムを書いてみましょう。次のコマンドでエディター「nano」を起動します。

```
$ nano led_blink.py
```

● led_blink.py

```
#!/usr/bin/env python

import RPi.GPIO as GPIO
import time

GPIO.setmode(GPIO.BCM)
GPIO.setup(24, GPIO.OUT)

GPIO.output(24, GPIO.HIGH)
time.sleep(2)
GPIO.output(24, GPIO.LOW)

GPIO.cleanup()
```

「Ctrl」+「O」キーで保存し、「Ctrl」+「X」キーで nano エディターを終了します。
実際に作った L チカプログラムを実行してみましょう（sudo コマンドで実行します）。

```
$ sudo python led_blink.py
```

　これでLチカを実行できました。次章ではRaspberry Pi Zero Wでセンサーを使ってみましょう。

第**2**章

Raspberry Piでセンサーを
使ってみよう
〜温湿度センサーの値を
Slackに通知するレシピ

本章では、Raspberry Pi Zero にセンサーを接続し、温湿
度データをグラフとして表示したり Slack に自動投稿し
たりしてみます。

2.1　センサーとは何か？

　センサーとは、温度、湿度、気圧といった環境データや、傾き、速度などを検出するための装置のことをいいます。センサーにはアナログ方式とデジタル方式という検出方式があります。

　アナログ方式では電圧の変動によって値を表現します。ただし、Raspberry Piにはアナログ入力ピンが用意されておらず、そのままではアナログ方式を利用できません。そのため、A/Dコンバーター（アナログ・デジタル・コンバーター）といった、アナログ信号をデジタル信号に変換する変換器を用いる必要があります。

　次に、デジタル方式のセンサーは、I2CやSPI、1wireといった通信の仕組みを利用する高度なものから、電圧の変化のみで状態を表現するものまでさまざまです。

　本章で紹介するのは、Raspberry Piで扱いやすいデジタル方式のセンサーです。

2.2　温湿度センサーの紹介

　ここではセンサーを使ったRaspberry Pi Zeroの活用方法を紹介します。

　温湿度センサー「AM2302」を使って、室内で計測してみましょう。AM2302は温度と湿度を同時に測定する複合センサーモジュールであり、独自の1wire通信方式を採用しています。

●表2.1　準備するもの

名称	型番	参考価格	販売元
温湿度センサー	AM2302（DHT22）	950円	秋月電子通商 http://akizukidenshi.com/catalog/g/gM-07002/
ブレッドボード	EIC-801	270円	秋月電子通商 http://akizukidenshi.com/catalog/g/gP-00315/
抵抗10kΩ1本 （4.7kΩでも可）	RD16S 10K	100円 （100個入）	秋月電子通商 http://akizukidenshi.com/catalog/g/gR-16103/
ジャンパーワイヤー （オス-メス3本）	-	549円	-

　あとは、お手元にRaspberry Piをご準備ください。Raspberry Pi ZeroやZero Wのほか、Raspberry Pi 2／3でも手順は同様です。

2.3　前提条件

- 必要パーツが揃っている
- インターネット環境がある
- Raspbian Stretchのインストール、セットアップが完了している（第1章参照）

2.4 配線する

Raspberry Piの電源を切り、microUSBを外します。次の図のように配線をします。

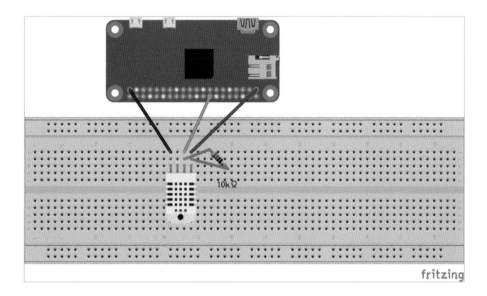

注意

GPIOピン23番を使用します。挿し間違いに注意しながら作業しましょう。挿す場所を間違えてRaspberry Piの電源を入れると、パーツやRaspberry Pi本体が故障するといった影響が出るので注意してください。

配線ができたらmicroUSBの電源を接続してRaspberry Piの電源を入れます。

2.5 必要パッケージをインストールする

次は、温湿度センサーを使って部屋の温湿度を測定してみましょう。
パッケージアップデートを実行し、Python開発ツールをインストールします。

```
$ sudo apt update
$ sudo apt install build-essential python-dev
```

そして温湿度センサーのライブラリをインストールします。
まずは次のgit cloneコマンドでライブラリをダウンロードします。

第2章　Raspberry Piでセンサーを使ってみよう〜温湿度センサーの値をSlackに通知するレシピ

```
$ git clone https://github.com/adafruit/Adafruit_Python_DHT.git
Cloning into 'Adafruit_Python_DHT'...
remote: Counting objects: 249, done.
remote: Total 249 (delta 0), reused 0 (delta 0), pack-reused 249
Receiving objects: 100% (249/249), 77.00 KiB | 0 bytes/s, done.
Resolving deltas: 100% (142/142), done.
```

　Adafruit_Python_DHT ディレクトリに移動し、インストールを実行します。

```
$ cd Adafruit_Python_DHT/
$ sudo python setup.py install
```

　次のようなメッセージが表示されればインストールは成功で、準備完了です。

```
Installed /usr/local/lib/python2.7/dist-packages/Adafruit_DHT-1.3.2-py2.7-
linux-armv6l.egg
Processing dependencies for Adafruit-DHT==1.3.2
Finished processing dependencies for Adafruit-DHT==1.3.2
```

2.6　温湿度センサーのサンプルプログラムを実行する

　GPIO ピン 23 番を使っているため、サンプルプログラムで次のように pin = 'P8_11' を コメントアウトし、pin = 23 のコメントアウトを外します。

```
$ cd /home/pi/Adafruit_Python_DHT/examples
$ nano simpletest.py
pin = 'P8_11'
#pin = 23

↓

#pin = 'P8_11'
pin = 23
```

　サンプルプログラムを実行し、温湿度が出力されるか確認します。

```
$ python simpletest.py
Temp=26.4*C  Humidity=61.0%
```

2.7 カンマ区切りで時間とセンサーデータを取得しよう

　温湿度センサーの値を CSV ファイルに保存して、グラフ化をしてみましょう。グラフは、Microsoft Excel や Google スプレッドシートなどの表計算ソフトウェアに表示します。

　センサーの値を取得したら、「取得日時、温度、湿度」の情報をカンマ区切りで1行で書き出し、Excel などでグラフ化してみましょう。

　例えば、10分ごとに次のような値を取得し、CSV ファイル sensor_data.csv に追記する形で記録します。

```
$ cat sensor_data.csv
2017/11/12 10:30:07,25.2,46.3
2017/11/12 10:40:07,24.2,46.1
2017/11/12 10:50:07,24.1,46.2
```

プログラムの例

● sensor_csv.py

```python
#!/usr/bin/python

import Adafruit_DHT
import datetime

sensor = Adafruit_DHT.DHT22

pin = 23

humidity, temperature = Adafruit_DHT.read_retry(sensor, pin)

if humidity is not None and temperature is not None:
    now = datetime.datetime.now()
    str = '{0},{1:0.1f},{2:0.1f}'.format(now.strftime('%Y/%m/%d
%H:%M:%S'),temperature, humidity)
    print str
    with open('/home/pi/sensor_data.csv', mode = 'a') as fh:
        fh.write(str+'\n')
else:
    print 'Fail'
```

※ str = '{0},{1:0.1f},{2:0.1f}'.format(now.strftime('%Y/%m/%d %H:%M:%S'),temperature, humidity) の行は本来折り返しなし。紙面の都合上折り返しています。

　sensor_csv.py に実行権限を付与します。

```
$ chmod 755 sensor_csv.py
-rwxr-xr-x 1 pi pi 478 11月 12 10:11 sensor_csv.py
```

プログラム sensor_csv.py を実行してみましょう。

```
$ ./sensor_csv.py
2017/11/12 10:57:58,24.3,46.3
```

sensor_csv.py が実行されたら、sensor_data.csv に「取得日時、温度、湿度」が出力されるので確認してみましょう。

```
$ cat sensor_data.csv
2017/11/12 10:57:58,24.3,46.3
```

そして最後に、10分ごとに実行するように crontab を設定します。

```
$ crontab -e
*/10 * * * * /home/pi/sensor_csv.py
```

できあがった CSV ファイルをグラフ化してみると次のようになります。

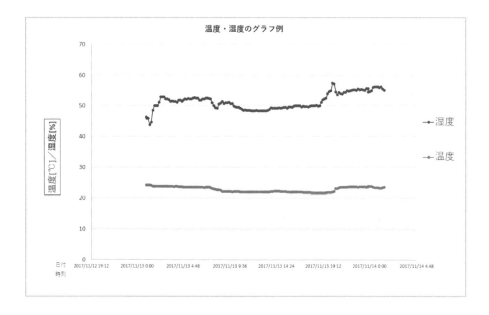

ここではグラフ化に Excel を利用しましたが、取得した CSV ファイルを元に、Python を使ってグラフ化することも可能です。ぜひチャレンジしてみましょう。

2.8 温湿度センサーの値をSlackに通知する

続いて、温湿度センサーの値をSlackに投稿できるお手軽レシピを紹介します。
Slackにサインアップしていない方は、次のWebページから登録してください。

- https://slack.com/

Incoming WebHooks の有効化

次のSlackのWebページより、Incoming WebHooksを有効化します。

- https://my.slack.com/services/new/incoming-webhook/

投稿するチャンネルを選択し、Webhook URLを取得します。

取得したWebhook URLをコピー&ペーストします。このWebhook URLはPythonのプログラムで使用します。

第2章 Raspberry Piでセンサーを使ってみよう〜温湿度センサーの値をSlackに通知するレシピ

Slackへ投稿するIncoming WebHooksの表示名とアイコンはカスタマイズ可能です。こちらは必要に応じて変更します。

2.9 Slackwebのセットアップ

Slackwebのインストール

　Slackへの投稿が可能になるPythonライブラリ「Slackweb」をインストールし、Raspberry Pi ZeroからSlackへ投稿するための準備をします。次のWebページからダウンロードできます。

- https://github.com/satoshi03/slack-python-webhook

```
$ sudo pip install slackweb
Downloading/unpacking slackweb
  Downloading slackweb-1.0.5.tar.gz
  Running setup.py (path:/tmp/pip-build-sacoIx/slackweb/setup.py) egg_info
for package slackweb

Installing collected packages: slackweb
  Running setup.py install for slackweb

Successfully installed slackweb
Cleaning up...
```

Slack投稿テスト

　Slackへ投稿するためのサンプルのプログラムを作成します。slack = slackweb.Slack(url="https://hooks.slack.com/services/xxxxxxxxx/xxxxxxxxx/xxxxxxxxxxxxxxxx")の部分には先ほど取得したWebhook URLを入力します。

```
$ nano slackweb_test.py
import slackweb
slack = slackweb.Slack(url="https://hooks.slack.com/services/xxxxxxxxx/xxxxxxxxx/xxxxxxxxxxxxxxxx")
slack.notify(text="Hello World!")
```

　テストプログラムslackweb_test.pyを実行します。

```
$ python ./slackweb_test.py
```

　Slackに「Hello World!」と投稿できていれば成功です。

2.10 温湿度をSlackへ投稿する

Slackへ投稿するためのPythonプログラムを作成する

次のようなプログラムを作って、Slackに日本語で投稿してみましょう。

```
$ nano notify_to_slack.py
#!/usr/bin/python
# -*- coding: utf-8 -*-
import slackweb
import Adafruit_DHT
sensor = Adafruit_DHT.DHT22
pin = 23
slack = slackweb.Slack(url="https://hooks.slack.com/services/xxxxxxxxx/xxxxxxxxx/xxxxxxxxxxxxxxxx")
humidity, temperature = Adafruit_DHT.read_retry(sensor, pin)

if humidity is not None and temperature is not None:
        msg = u"現在の温度は{0:0.1f}度、湿度は{1:0.1f}% です".format(temperature, humidity)
else:
        msg = u"温湿度を測定できませんでした"

slack.notify(text=msg)
print msg
```

プログラムを実行し、温湿度の値をSlackへ投稿する

プログラムを実行します。結果はターミナル上にも出力されて、Slackにも投稿されます。

```
$ python ./notify_to_slack.py
現在の温度は25.6度、湿度は56.3% です
```

IoT-Panda APP 9:19 AM
現在の温度は25.6度、湿度は56.3% です

Slackへ定期的に投稿する方法

cronに登録すると、定期的にSlackへ投稿することができます。ここではcronで5分ごとに投稿する方法を示します。

まず、スクリプトファイルに実行権限を付与します。

```
$ chmod 755 notify_to_slack.py
```

その後、crontab に指定の時間でスクリプトを実行するように設定します。これは5分ごとに
Slack へ温湿度を通知するようにしている例です。

```
$ crontab -e
5 * * * * /home/pi/notify_to_slack.py
```

2.11　まとめ

温湿度センサーの値を Slack に投稿することで IoT を実現することができました。この調子で
IoT を楽しみながら、いろいろなレシピにチャレンジしてみましょう！

第**3**章

Raspberry Piと Microsoft Azureを連携して IoTを活用しよう

本章で紹介するのは、Microsoft Azure のクラウドサービスの一つである IoT Hub と Raspberry Pi をつなぎ、Raspberry Pi で収集した情報を IoT Hub へ送るレシピです。Microsoft Azure のサインアップ方法から、Microsoft Azure IoT SDKs for Python のインストール、IoT Hub の設定方法を解説します。

3.1 Microsoft Azureへサインアップしよう

　まず、Azure IoT を始めるには Microsoft Azure へのサインアップが必要です。初めて Microsoft Azure に登録する場合、無料評価版のサブスクリプションを利用できるので、この機会にぜひ登録してみましょう。

　また、制限はありますが、1日あたり 8000 メッセージまで、かつメッセージサイズ 0.5KB までなら Azure IoT Hub をいつでも無料で利用することができます。

　無料枠の詳細については次のWebページをご確認ください。

Azure 無料アカウント FAQ
https://azure.microsoft.com/ja-jp/free/free-account-faq/

3.2 swapの領域を拡張する

　Raspberry Pi Zero および Zero W の搭載メモリーは 512MB です。

　しかし、後述する「Microsoft Azure IoT SDKs for Python」のビルドは、メモリー1GB 未満の場合はメモリー不足によって失敗する恐れがあります。そこで、実メモリーの退避場所として swap 領域を拡張します。

　メモリーの使用状況を確認するには、free コマンドを実行します。ここでは、-m オプションを付けて、MB 単位で表示しています。

```
$ free -m
          total       used       free     shared  buff/cache   available
Mem:        434         41        332          5          60         340
Swap:        99         63         36
```

Raspbian Stretch の場合、デフォルトで割り当てられている swap 領域は 100MB になっているので、この値を拡張します。swap 領域は dphys-swapfile で管理されていて、設定を変更するには /etc/dphys-swapfile を編集します。

ここでは swap 領域を 1024MB（1GB）に拡張するため、次のように CONF_SWAPSIZE の値を 1024（MB）に変更します。

```
$ sudo nano /etc/dphys-swapfile
CONF_SWAPSIZE=100

↓

CONF_SWAPSIZE=1024
```

編集後、dphys-swapfile を再起動します。

```
$ sudo systemctl restart dphys-swapfile
```

swapon コマンドで swap 領域が拡張されたか確認してみましょう。Size が次のようになっていれば成功です。

```
$ swapon -s
Filename       Type     Size  Used  Priority
/var/swap      file  1048572     0        -1
```

3.3 Microsoft Azure IoT SDKs for Python のインストール

swap 領域の拡張が終わったら、次は Microsoft Azure IoT SDKs for Python をインストールします。これは Raspberry Pi Zero と Azure IoT Hub をつなぐために必要となるツールです。

なお、Microsoft Azure IoT SDKs for Python には次の 2 つの SDK が含まれています。

Azure IoT Hub Device SDK for Python
Azure IoT Hub にクライアントデバイスを接続
Azure IoT Hub Service SDK for Python
Azure IoT のバックエンドアプリケーションの開発

インストールするには、まず git コマンドで Raspberry Pi Zero にクローンします。ターミナルで Raspberry Pi Zero にログインし、次のコマンドを実行します。

```
$ git clone --recursive https://github.com/Azure/azure-iot-sdk-python.git
```

このリポジトリは依存関係のために GitHub サブモジュールを使用していることに注意してください。サブモジュールを自動的にクローンするために、必ず --recursive オプションを使用します。

クローンが完了したら、次のように setup.sh、build.sh の順番で続けて実行します。ビルドするには 20 分程度の時間が必要になるので、その間は待ちましょう。

```
$ cd azure-iot-sdk-python/build_all/linux
$ ./setup.sh
$ ./build.sh
```

3.4 IoT Hubの設定

Microsoft Azure のメイン画面から、「モノのインターネット（IoT）」を選択し、更に「IoT Hub」を選択します。

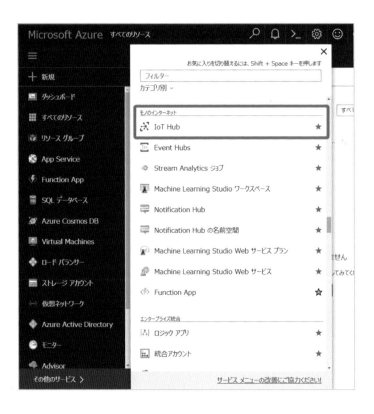

次に「IoT Hub の作成」ボタンを押します。

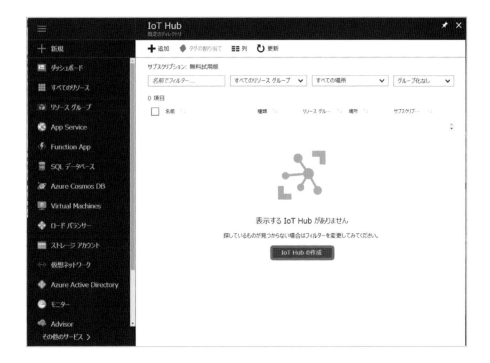

「価格とスケールティアを選択」画面で、無料枠である「F1 Free」を選択します。

IoT Hubの名前、リソースグループ、使用するリージョンを設定します。ここでは西日本リージョンを選択しています。

3.5 デバイスの登録

デバイスエクスプローラーで、デバイスから Azure IoT Hub へ接続するための認証情報を登録します。「＋追加」ボタンを押して、デバイス ID を登録します。

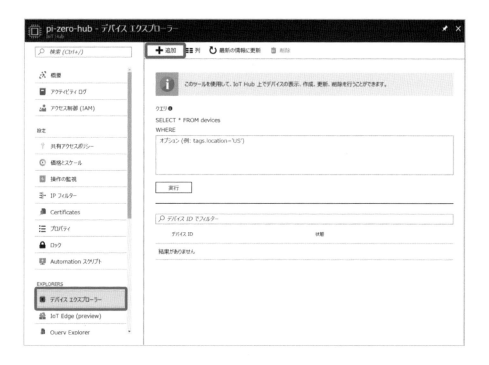

「デバイスの追加」画面で、次の詳細情報を登録します。セキュリティーを確保するため、キーは自動生成を選択しています。

- デバイス ID：デバイス ID を指定する（大文字・小文字の区別がある）
- キーの自動生成：チェックボックスにチェックする
- デバイスを IoT Hub に接続：「有効」を選択する

全て入力・選択したら「保存」ボタンを押します。

デバイス情報の確認

デバイスエクスプローラーで登録したデバイス ID を選択し、デバイスの詳細を確認します。「接続文字列 – プライマリキー」の値は、以降の手順で使用します。

3.6　動作テスト

Azure IoT SDK のサンプルプログラムを利用して、IoT Hub へ接続します。

~/azure-iot-sdk-python/device/samples/iothub_client_sample.py の connection_string = "[device connection string]" に、一つ前の手順で確認した「接続文字列 – プライマリキー」の値を貼り付けます。

「接続文字列 – プライマリキー」の値を "[device connection string]" へ貼り付けるとき、値は必ず "（ダブルクォーテーション）で囲んでください。

```
$ cd ~/azure-iot-sdk-python/device/samples
$ nano iothub_client_sample.py
connection_string = "[device connection string]"
```

サンプルプログラムを実行します。

```
$ ./iothub_client_sample.py
```

iothub_client_sample.py の実行時、次の画像のような出力になっていることを確認できたら、「Ctrl」+「C」キーでプログラムの実行をキャンセルします。

これで、Raspberry Pi Zero と Azure IoT Hub がつながりました。メッセージの送信数はダッシュボードから確認できます。

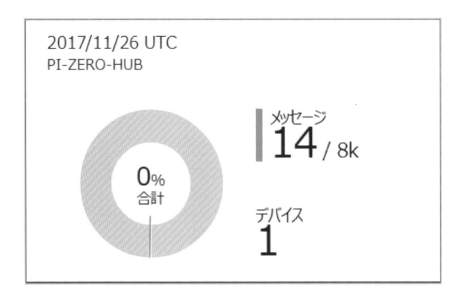

3.7 Raspberry Pi Azure IoT Web Simulatorの紹介

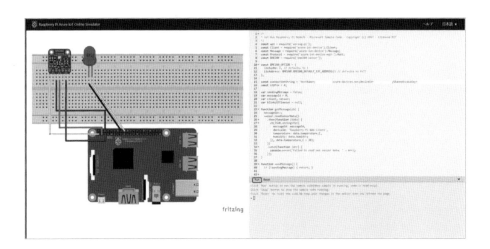

　Raspberry Pi Azure IoT Online Simulator[注1]では、温湿度・気圧センサーのBME280とRaspberry Pi 2をシミュレーションし、プログラム実行のメッセージをIoT Hubへ送信するプログラムが用意されています。

　これで、Raspberry Pi本体とセンサーが手元になくても、オンラインシミュレーターからIoT Hubへの接続テストが容易にできます。

```
const connectionString = '[Your IoT hub device connection string]';
```

　サンプルで用意されているコードの15行目の[Your IoT hub device connection string]に「接続文字列 – プライマリキー」の値を入力し、「Run」ボタンを押してプログラムを実行してみましょう。

　IoT Hubへメッセージの送信ができていることを確認したら、「Stop」ボタンを押してください。

　次章では、Azure Web Appsを利用してIoTクリスマスツリーを作ってみましょう。

注1) https://azure-samples.github.io/raspberry-pi-web-simulator/#GetStarted

第 **4** 章

Raspberry Pi Zero WとAzureで
Webから操作できる
IoTクリスマスツリーを
作ってみよう

本章ではIoTでクリスマスツリーを光らせてみます。ス
マホ・PCのブラウザーからWebアプリにアクセスし、
「消灯/点灯/点滅」のボタンを押すことで、Raspberry
Piから配線したLEDを制御することができます。スマホ
のボタン操作でクリスマスツリーのLEDを制御するの
で、小さなお子さまも気軽に試すことができます。この
IoTクリスマスツリーで、身近なIoTを体験してみましょ
う。

4.1 IoTクリスマスツリーの仕組み

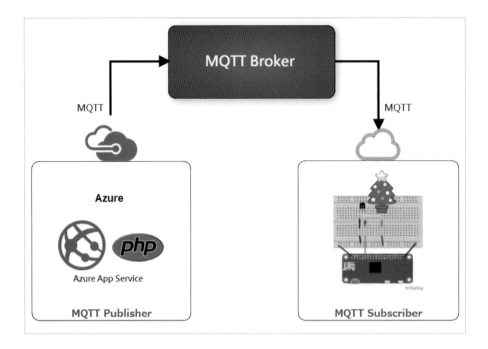

IoTクリスマスツリーを制御する仕組みは、大まかには次のような流れになります。

1. ブラウザー上でWebアプリの「消灯 / 点灯 / 点滅」ボタンを押す（MQTT Publisher）
2. MQTT Brokerでメッセージを受け取る
3. Raspberry Pi Zero Wでメッセージを受け取り（MQTT Subscriber）、LEDの制御をする（GPIO）

まずは、クリスマスツリー用のLEDを準備し、Raspberry Pi Zero Wにつなぎます。そして、AzureのPaaSのサービスである「Azure App Service」でPHPをインストールし、PHPで動作するWebアプリを準備します。

Webアプリのボタンを押すことにより、メッセージ（データ）が送信されます。そのとき、MQTT（Message Queue Telemetry Transport）という通信プロトコルを使用し、メッセージはMQTT Brokerに送信されます。その後、Raspberry Pi Zero WでMQTT Brokerのメッセージを受け取り、LEDを「消灯 / 点灯 / 点滅」させます。

Azure App Serviceの詳細については、次のマイクロソフトの公式ドキュメントをご覧ください。

- https://docs.microsoft.com/ja-jp/azure/app-service/

4.2 用意するもの

Raspberry Pi Zero W
ミニブレッドボード
    https://www.switch-science.com/catalog/2282/
ジャンパーワイヤー（オス—ワニ口クリップ）
ジャンパーワイヤー（オス—メス）
LED ライト（4.5V 1m/20 個）
トランジスタ　1本
抵抗　1本
クリスマスツリー

LED ライトについては、ここでは電池ボックス付きのものを切断し、改造して使用する例を紹介します。

4.3 クリスマスツリーの飾り付け

まずはクリスマスツリーを飾り付けます。ぜひ、ご家族で楽しく飾り付けてみましょう。

4.4 LEDの下準備

LEDライトについては、「アキバLEDピカリ館[注1]」で購入したものを使用しています。

注1) http://www.akiba-led.jp/

4.4 LEDの下準備

電池ボックス付きですが、電池は使用しないのでニッパーで切断します。

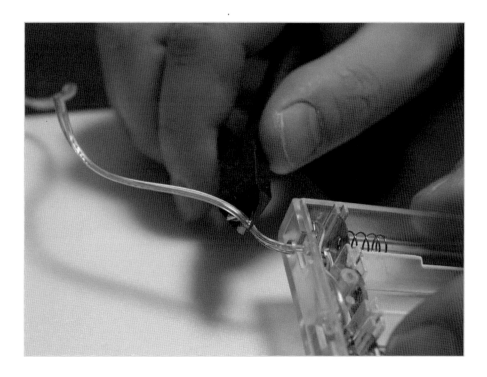

次の手順の配線でLEDのアノードとカソードを間違えないようにするため、アノード側にマジック等で目印を付けることをおすすめします。

65

4.5 配線

次の図の通りに配線します。実際に使用するLEDライトは、並列接続のLED20球です。

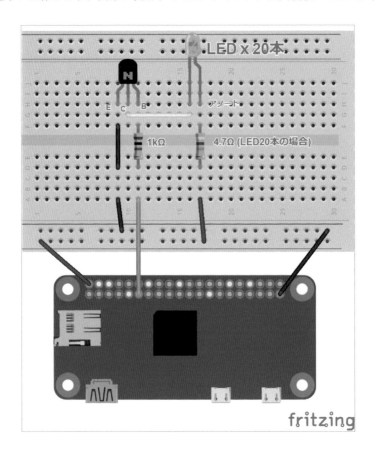

LEDをブレッドボードに配線するときは、ジャンパーワイヤー（オス－ワニ口クリップ）を使用しました。

ここで利用したLEDには2.5Ωの制限抵抗が必要でしたが、それだと明るすぎたので4.7Ωにしています。

注意

制限抵抗を入れないとLEDが焦げて故障する恐れがあるので十分ご注意ください。図解の制限抵抗4.7ΩはLEDが20本並列の場合を想定しています。LED1本のみで試したい場合の制限抵抗は300Ωにします。

なお、ブレッドボードのトランジスタの図解は2SC1815、2SC2120などのECB（エミッタ、コレクタ、ベース）[注2]のピン配置を想定しています。

点灯テスト

Raspberry Piの配線が問題なくできているか確認するために、次のコマンドを実行してみましょう。LEDが点灯していたら成功です。

```
echo 17 > /sys/class/gpio/export
echo out > /sys/class/gpio/gpio17/direction
echo 1 > /sys/class/gpio/gpio17/value
```

点灯テストが終わったら、次のコマンドを実行してLEDを消灯し、GPIO17番を無効化します。

```
echo 0 > /sys/class/gpio/gpio17/value
echo 17 > /sys/class/gpio/unexport
```

4.6　Web Appの作成と設定

MQTT PublisherとなるWebアプリはPHPで実装されているので、こちらをAzureのサービスであるAzure App Serviceで簡単にセットアップして、動作させてみましょう。

まずは、Azureポータルを開き、「すべてのリソース」→「＋追加」ボタンを押してWeb Appを新規で追加します。

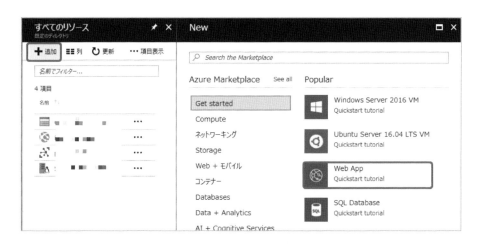

次に、アプリ一覧ページでマイクロソフト公式の「Web App」を選択します。アイコンが表示されない場合は、検索バーで「Web App」と入力して検索してください。

注2）トランジスタには、エミッタ（Emitter）、コレクタ（Collector）、ベース（Base）という3つの電極があります。

次の情報でDockerコンテナーを作成します。アプリ名は、「http:// アプリ名.azurewebsites.net/」のようにサブドメインのURLとして使用されるため、ユニーク（一意）である必要があります。

- アプリ名：ユニーク（一意）となるアプリ名
- リソースグループ：新規作成
- OS：Linux
- ランタイムスタック：PHP 5.6

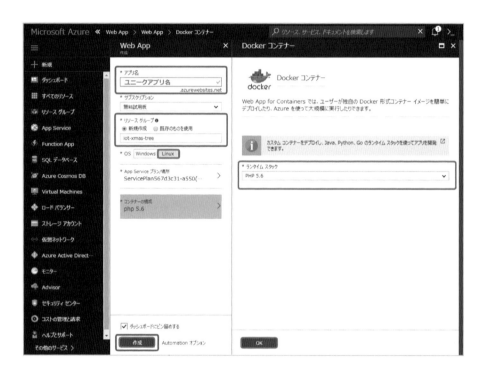

「作成」ボタンを押したあと、数分程度でDockerコンテナー環境がデプロイされます。

料金プランについて

　Web Appsのデプロイ時、料金プランはデフォルトの「S1 Standard」が適用されています。必要に応じて変更してください。
　ここでは最安価の「B1 Basic」プランを適用することをおすすめします。適用するには、「App Service」→「スケールアップ」→「価格レベルを選択」で適用したい価格レベルを選択し、「選択」ボタンをクリックします。

4.6 Web Appの作成と設定

● ※執筆当時の価格

Web SSH の起動

Docker コンテナーへ簡単にアクセスするために、Web ブラウザーから SSH ができるツール「Web SSH」を使います。「App Service」→「開発ツール」→「SSH」を選択し、「移動」をクリックします。

Web ブラウザー上から SSH で通信できるようになります。

SSH のサポートの詳細については、公式ドキュメントをご確認ください。

Azure App Service on Linux での SSH のサポート

https://docs.microsoft.com/ja-jp/azure/app-service/containers/app-service-linux-ssh-support

Git のインストール

本章で作成した Web App では、Docker コンテナーで動作している Linux の OS は Ubuntu です。そのため、まず apt-get コマンドを使ってパッケージリストの更新を行います。その後、Git をインストールします。

```
# apt-get update
# apt-get install git
```

gitコマンドでWebアプリ用のプログラムをクローンします。そのとき、デフォルトのドキュメントルートとして指定されている /var/www/html 配下にコンテンツが格納されるように、クローン先のディレクトリ名を指定します。

この際、/var/www/html にデフォルトで用意されているページ hostingstart.html を削除してから作業します。

```
# rm /var/www/html/hostingstart.html
# git clone https://github.com/manami-taira/mqtt-xmas-tree-webapp.git
/var/www/html
```

/var/www/html のディレクトリに次のようにファイルが配置されていたら成功です。

```
# ls -1 /var/www/html
LICENSE
README.md
buttons.css
index.php
phpMQTT.php
test_publisher.php
title.png
```

MQTT Broker については、ここでは Eclipse Foundation が無償で公開している Sandbox を使用します。そのため、サンプルプログラム index.php で、MQTT Broker として指定する URL を Sandbox の URL に変更します。

vi コマンドで index.php を開き、URL 部分を Sandbox の URL である iot.eclipse.org に変更します。

```
# vi /var/www/html/index.php
$mqtt = new phpMQTT("example.com", 1883, "Xmas Tree WebApp");

↓

$mqtt = new phpMQTT("iot.eclipse.org", 1883, "Xmas Tree WebApp");
```

第4章 Raspberry Pi Zero WとAzureでWebから操作できるIoTクリスマスツリーを作ってみよう

Sandbox 使用時の注意点

ここでは「まずは動かしてみる」という観点からSandboxを使用しています。Sandbox
のURLであるiot.eclipse.orgは、あくまでもテスト目的のためのMQTT Brokerです。テ
スト利用ではなく本格的に使用したい場合は、Active MQなどのMQTT Brokerを別途準
備してください。

Sandboxを使用するとき、指定したtopicが他のユーザーと同一で、かつ同時に実行す
ると、メッセージの送受信に失敗する恐れがあります。そのためtopic名（ここではtree）
は必要に応じて変更してください。

EclipseのMQTT Brokerの詳細については次のWebページを参照してください。
Sandboxを無償で提供している性質上、予告なくメンテナンスが入り、つながらなくなる
ことがあるのでご注意ください。

iot.eclipse.org - IoT development made simple
https://iot.eclipse.org/getting-started/#sandboxes

4.7 Subscriberの設定

以降の作業は、AzureのDockerコンテナー内ではなく、Raspberry Pi上で行います。

Raspberry Piのターミナルを開き、MQTT Subscriberとして動作させるため、次のコマンド
を実行して必要なパッケージをインストールします。

```
$ sudo apt install python-rpi.gpio
$ sudo pip install paho-mqtt
```

gitコマンドでクリスマスツリー用のSubscriberを展開します。

```
$ git clone https://github.com/manami-taira/mqtt-xmas-tree-subscriber.git
```

スクリプトにchmodコマンドで実行権限を付与してから、sudoコマンドで実行します。

```
$ chmod 755 tree_subscriber.py
$ sudo ./tree_subscriber.py
```

MQTT Brokerからメッセージが送信されているか確認するには、現在開いているターミナル
を閉じずに、新しくターミナルを開き、次のようにテストプログラムを実行してください。

```
$ python ./tree_publisher.py
```

72

4.8 ブラウザーの確認と動作テスト

ブラウザーを開き、作成したページが表示されているか確認してみましょう。
URLは「App Service」→「概要」の「URL」から確認できます。

もし問題がある場合は、ページの下部にエラー内容が表示されます。Connection Errorの場合は、MQTT Brokerとの通信ができていない可能性があるので、前述の手順のURLが変更されているかもう一度確認してください。

最後に、Webブラウザーでボタンを押してみましょう。クリスマスツリーのLEDがボタン通りに制御できたら成功です。

4.9 バックグラウンドで動作させたいとき

なお、Raspberry Piのターミナルを閉じても、バックグラウンドで実行させたい場合は、次のように実行します。

```
$ sudo ./tree_subscriber.py &
```

4.10 まとめ

IoTの通信プロトコル「MQTT」で通信をするクリスマスツリーのWebアプリが完成しました。ぜひご自宅でも活用して、素敵なクリスマスをお過ごしください。

ここで使用したAzureのWeb Appsを楽しんだあとは、忘れずにリソースを削除しましょう。

第**5**章

Raspberry Piと
Windowsマシンを接続したい！
あると便利なUSB-TTL変換
キット「AKIT-DTR340MC」

本章では、Raspberry Pi 生活を満喫する際に、あると便
利なグッズを紹介します。

5.1 シリアル接続の利点

本章で紹介するのは、aitendo で販売されている USB-TTL 変換キット「AKIT-DTR340MC」です。

USB-TTL 変換キット - aitendo
http://www.aitendo.com/product/12285

これは、USB シリアルコンバーター「CH340G」を搭載する、USB ～シリアル（TTL）コンバーターモジュールを作成するためのキットです。

USB シリアルコンバーターがあれば、ビデオ出力（HDMI）やキーボードがつながっていない状態の Raspberry Pi に対して、シリアルコンソールからシステムにログインすることができます。

また、IP アドレスを付与する前の状態から使えるので、SSH 接続でのログインより便利な場合もあります。 あとは外出先に持ち出したときに USB シリアルコンバーターがあれば、HDMI 接続のモニターを用意しなくても Raspberry Pi にログインして操作ができます。

自分ではんだ付けする必要はありますが、自宅にあると便利なのでおすすめします。

AKIT-DTR340MC の動作を確認したところ、Windows 10 のデバイスドライバーがデフォルトで対応しており、USB 接続するだけでドライバーが認識されてすぐに使うことができました。そのため、Windows 10 利用時には、ドライバーをダウンロードして設定するといった面倒な作業が必要ありません。

5.2 考えられる用途

Raspberry Pi と Windows マシンをシリアル接続できるようになると、次のようなシーンで活用できます。

- Windows マシンから直接 Raspberry Pi をつないでコマンド操作したい
- 外出先でディスプレイがなくても、Raspberry Pi を気軽に使いたい
- Raspberry Pi をレスキューモードで動作させてトラブルシューティングしたい

Raspberry Pi をシリアル接続するためのケーブルが自宅に 1 本あると本当に便利なので、この機会にぜひいかがでしょうか。

5.3 Raspberry PiとAKIT-DTR340MCの接続方法

　ここでは、Windows 10とRaspberry Pi Zero、AKIT-DTR340MCを用意します。それと、ジャンパーワイヤー（オス-メス）も3本必要です。ジャンパーワイヤーのつなぎ方は表5.1の通りです。

●表5.1　ジャンパーワイヤーのつなぎ方

Raspberry Pi	AKIT-DTR340MC
GND	GND
GPIO14（TXD0）	RxD
GPIO15（RXD0）	TxD

　RxDはデータの受信（Receiver）、TxDはデータの送信（Transmitter）の役割をしています。
　次の写真の通りに接続します。

5.4 PCとの接続方法

　Raspberry Pi と AKIT-DTR340MC を接続したら、次は AKIT-DTR340MC を Windows 端末に接続します。

デバイスドライバーのインストール

　AKIT-DTR340MC に USB ケーブルを接続し、Windows 10 につなぎます。そのとき、デバイスドライバーが自動的にインストールされるので、そのまま待ちます。

デバイスとして問題なく認識されているか、デバイスマネージャーを確認します。

デバイスマネージャーの確認

「Windows」キー＋「R」キーを押すと、次の「ファイル名を指定して実行」画面が表示されます。「devmgmt.msc」と入力して、実行します。

すると、デバイスマネージャーが開きます。

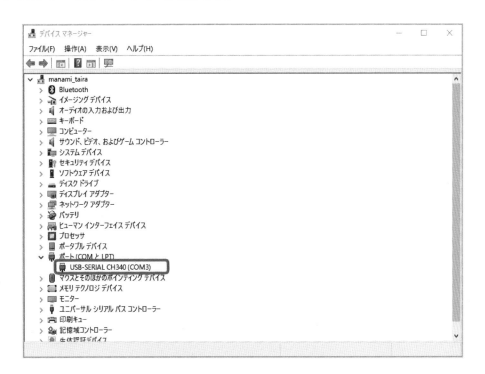

そこで、「USB-SERIAL CH340（COMx）」というデバイスが認識されていることを確認できます。

Tera Termからの接続方法

Tera Termを起動すると、シリアル接続できるようになっているので、選択して「OK」ボタンを押します。

何も表示されない場合は、「設定」→「シリアルポート」でシリアルポートの転送速度を115200 bit/sに変更します。それでも何も表示されない場合は、「Enter」キーを押してみましょう。

これで、Windows 10からRaspberry Piへシリアル接続できるようになりました。

シリアルポートの転送速度を保存したいときは、「設定」→「設定の保存」を選択し、設定ファイルに名前を付けて保存します。

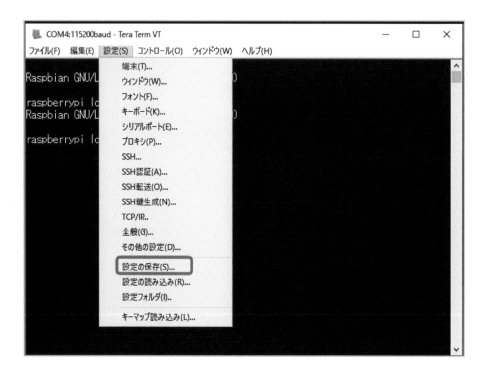

5.5 まとめ

　試しに、シリアル接続した状態でシャットダウンしてみるなど、いろいろと活用してみましょう。展示会や外出先などで Raspberry Pi を使用するとき、シリアルケーブルがあれば役に立つはずです。

第**6**章

Raspberry Pi Zeroから自宅のNASにアクセスしてみよう

本章では、Raspberry Pi をより一層楽しむために、NAS
との連携方法を紹介します。

6.1　NASを活用してみよう

　Raspberry Pi／Raspberry Pi Zero をもっと活用するために、NAS（Network Attached Storage）へのアクセス手順についてご紹介します。

　NASがあると次のような使い道が広がり、Raspberry Pi をより一層楽しむことができます。

- Raspberry Pi で取得したセンサーデータを保存する
- Raspberry Pi Zero に接続したカメラで撮影した写真や動画を保存する
- お気に入りの音楽ファイルを NAS に保存し、Raspberry Pi から再生する
- データのバックアップに使用する

　万が一、Raspberry Pi がインストールされている microSD が壊れても、NAS に保存した大事なデータは守られるので安心です。

　本章では、Raspberry Pi Zero W で NAS を自動的にマウントする方法をご紹介します。

6.2　使用する環境

- 使用する Raspberry Pi ： Raspberry Pi Zero W
- 使用する NAS ： Synology DiskStation DS415+（前提条件として、NAS のセットアップは完了しているものとします）
- Raspberry Pi の OS ： Raspbian Stretch

6.3　Raspberry Pi Zero WでNASを自動的にマウントする

　最新の Raspbian では、SMB（CIFS）プロトコルで NAS をマウントする際に必要な「cifs-utils」はデフォルトでインストールされていますが、もし入っていなければ次のコマンドでインストールします。

```
$ sudo apt install cifs-utils
```

　次に、Raspberry Pi Zero W に NAS をマウントするためのマウントポイント（ディレクトリ）を作ります。

```
$ sudo mkdir /mnt/nas
```

mountコマンドでファイルシステム、NASのIPアドレス／ディレクトリ、ユーザー名、パスワード、文字コードを指定し、NASをマウントします。

```
$ sudo mount -t cifs //192.168.254.111/share /mnt/nas -o username=xxxxxx,
password=xxxxxx,iocharset=utf8
```

設定が終わったら、dfコマンドでNASがマウントされているか確認してみましょう。

```
pi@raspberrypi:~ $ df -h
ファイルシス           サイズ   使用   残り 使用%   マウント位置
/dev/root               14G   4.2G   8.5G   33%   /
devtmpfs               182M     0    182M    0%   /dev
tmpfs                  186M     0    186M    0%   /dev/shm
tmpfs                  186M   4.7M   181M    3%   /run
tmpfs                  5.0M   4.0K   5.0M    1%   /run/lock
tmpfs                  186M     0    186M    0%   /sys/fs/cgroup
/dev/mmcblk0p6          65M    21M    45M   33%   /boot
tmpfs                   38M     0     38M    0%   /run/user/1000
//192.168.254.111 /share 3.0T   2.2T   825G   73%   /mnt/nas
/dev/mmcblk0p5          30M   398K    28M    2%   /media/pi/SETTINGS
```

OS起動後、自動的にNASをマウントする

mountコマンドを使って手動でマウントするのは大変なので、自動的にマウントするように設定します。/etc/fstabにマウントに必要な情報を記述します。

```
$ sudo nano /etc/fstab
以下を追記
//192.168.254.111/share /mnt/nas cifs
username=xxxxxx,password=xxxxxxxx,file_mode=0755,dir_mode=0755,
iocharset=utf8,
uid=1000,gid=1000,forceuid,forcegid,_netdev 0 0
```

OS起動後、NASが自動的にマウントされるようにブートオプションを変更して、ネットワークサービスが起動されてからブートするようにタイミングを変えます。この手順を抜くと、fstabに設定したNASのマウントが失敗してしまいます。

次のコマンドを入力し、構成ツールを起動します。

```
$ sudo raspi-config
```

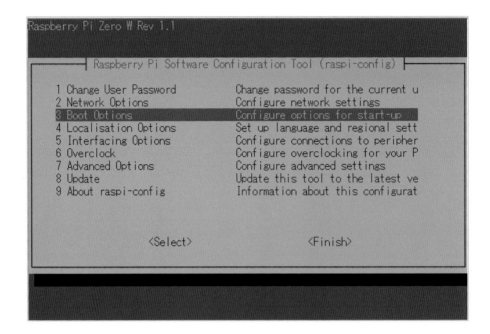

ブートオプション変更の手順は次の通りです。

1. 「3 Boot Options Configure options for start-up」を選択して「Enter」キーを押す
2. 「B2 Wait for Network at Boot Choose whether to wait for network」を選択して「Enter」キーを押す
3. Would you like boot to wait until a network connection is established? と表示されるので、＜はい＞を押す
4. Waiting for network on boot is enabled と表示されるので、＜了解＞を押す

最後に<Finish>を押します。
設定後、OS を再起動して、自動的に NAS がマウントされるようになったかどうかを確認します。

```
$ sudo reboot
```

起動できたら、NAS（/mnt/nas）が自動的にマウントされているか df コマンドで確認してみましょう。

```
pi@raspberrypi:~ $ df -h
ファイルシス            サイズ  使用   残り 使用%  マウント位置
/dev/root               14G   4.2G  8.5G   33%  /
devtmpfs               182M      0  182M    0%  /dev
tmpfs                  186M      0  186M    0%  /dev/shm
tmpfs                  186M   4.7M  181M    3%  /run
tmpfs                  5.0M   4.0K  5.0M    1%  /run/lock
tmpfs                  186M      0  186M    0%  /sys/fs/cgroup
```

```
/dev/mmcblk0p6              65M    21M    45M   33%   /boot
tmpfs                       38M     0     38M    0%   /run/user/1000
//192.168.254.111 /share   3.0T   2.2T   825G   73%   /mnt/nas
/dev/mmcblk0p5              30M   398K    28M    2%   /media/pi/SETTINGS
```

補足

　Raspberry Pi の OS 起動時、/etc/fstab の情報をもとにマウントされますが、ネットワークインタフェースに IP アドレスが割り当てられていない状態だと、サービスの起動順序の観点からよくありません。ネットワークサービスが起動されていないまま NAS をマウントしようとすると、失敗してしまいます。

　これを防ぐために、/etc/fstab のオプションで _netdev を明記することにより、ネットワークサービスが起動されてからマウントするようになります。

　標準的な Linux の場合は、この手順により、ネットワークサービスが起動されるまでマウントするのを待つようになります。一方、Raspbian Stretch や Raspbian Jessie などの OS の場合、_netdev を明記するだけでは有効化されない仕様になっています。

　ネットワークの有効化よりも先にマウントしようとするので、結果として NAS のマウントに失敗してしまいます。この対策として、raspi-config で Wait for Network at Boot を有効化します。

　この設定を有効化すると、/etc/systemd/system/dhcpcd.service.d/wait.conf が作成され、dhcpcd に -w オプションが付くようになります。この場合、IP アドレスが DHCP で割り当てられるまで、バックグラウンドに移行しないようになり、NAS のマウント失敗を防ぐことができます。ただし、ネットワークにつながらない場合は OS 起動時にしばらく待機時間がかかることになる点には留意してください。

6.4　まとめ

　本章では Raspberry Pi と NAS の接続方法をご紹介しました。Raspberry Pi で取得したデータを NAS に定期的にバックアップをしたり、NAS に溜めた音楽を Raspberry Pi で再生したり、ぜひ活用してみましょう。

　次章では、Raspberry Pi で撮影した写真データの保存先として NAS を活用する例として、Raspberry Pi カメラを紹介します。

第 **7** 章

Raspberry Pi Zeroとカメラを
接続して定点観測しよう

本章では、Raspberry Pi Zero 用のカメラを接続して、定
点観測する方法を解説します。

7.1 Raspberry Pi Zero用のカメラで撮影してみよう

Raspberry Pi Zero用のカメラを接続し、定点観測してみましょう。

日本で購入できるRaspberry Pi Zero用のカメラは、Adafruit製のスパイカメラです。スイッチサイエンスで販売されています。

Raspberry Pi Zero 用スパイカメラ

https://www.switch-science.com/catalog/3323/

このカメラモジュールは、Raspberry Pi ZeroのカメラコネクターであるCSIインタフェースに接続して使います。本体重量は1.1g、携帯電話用カメラのサイズで、モジュールはわずか8.6mm × 8.6mm、ケーブルは約5cmです。定点観測などの用途で小型カメラとして使うことができます。

このカメラモジュールで撮影された写真データは、CSIバスを介してRaspberry Pi ZeroのBCM2835プロセッサに接続され、高速に転送されます。

カメラセンサーは500万画素の解像度を持ち、オンボードの固定焦点レンズを備えています。

ここで紹介するAdafruit製のスパイカメラは、次のRaspberry Pi Zeroに対応しています。Raspberry Pi Zero v1.0はカメラモジュールに対応していないので注意してください。

- Raspberry Pi Zero v1.3
- Raspberry Pi Zero W

カメラデータ保存用のディレクトリをNASに作成し、そこに定点観測した写真データを保存しましょう。なお、Raspberry Pi ZeroからNASへ接続する方法については、第6章を参照してください。

ここでは「Camera Module for Raspberry Pi Zero[注1]」を使って解説しますが、手順はAdafruit製スパイカメラと同じです。

注1) https://www.amazon.co.jp/dp/B06XFPPBCW

7.2 カメラモジュールを接続する

　Raspberry Pi Zero 本体の電源が入っていない状態で CSI インタフェースにカメラモジュールを接続します。

　手順は次の通りです。

1. カメラコネクターの両端のツメを優しく引く
2. カメラモジュールのフレキシブルケーブルを差し込む
3. ケーブルを差し込んだら、カメラコネクターのツメを元の位置に戻す

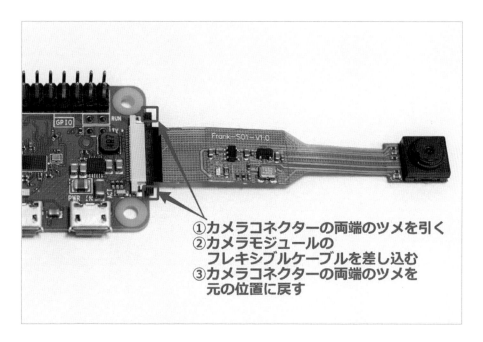

　このとき、力を入れてカメラコネクターのツメを引いたり、カメラモジュールを無理に押し込んだりしないでください。カメラモジュールの留め具の破損や、カメラモジュールの故障につながります。十分に注意しながら作業をしてください。

7.3 カメラインタフェースの有効化

raspi-config コマンドで Raspberry Pi Zero のカメラを有効化します。

```
$ sudo raspi-config
```

「5 Interfacing Options」→「P1 Camera」と選択すると「Would you like the camera interface to be enabled?」と表示されるので、＜はい＞を選択します。

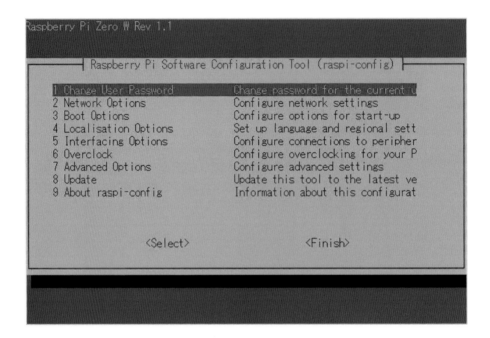

＜Finish＞を押して raspi-config を終了したら、設定を反映させるために OS を再起動します。

7.4 撮影テストを行う

raspistill コマンドで撮影をします。-w オプションは写真の幅（width）、-h は写真の高さ（height）を、Pixel 単位の数値で指定します。また、-o オプションは保存先の指定です。

```
$ raspistill -w 1920 -h 1080 -o pi-camera.jpg
```

なお、1920px × 1080px の解像度はフル HD です。撮影する解像度は用途に応じて変更してください。

実際にラズパイカメラで撮影した写真はこちらです。

7.5 Raspberry Pi Zeroで撮影したデータをNASへ保存する

　写真のデータをNASに保存することもできます。NASへの接続方法については第6章を参照してください。NASの環境がない場合でも、Raspberry Pi Zero本体のmicroSDカードや外部クラウドストレージを使った保存方法があるので、そちらも併せてご検討ください。

　Raspberry Pi ZeroにマウントしたNASのディレクトリ/mnt/nasに、撮影データを保存するためのディレクトリpicameraを作成します。

```
$ cd /mnt/nas
$ mkdir picamera
```

　撮影した写真の保存先として指定するには、次のようにします。

```
$ raspistill  -w 1920 -h 1080 -o /mnt/nas/picamera/picamera.jpg
$ ls -l /mnt/nas/picamera/
-rwxrwxrwx 1 pi pi 1131613 12月 17 00:20 picamera.jpg
```

定点観測用のスクリプトを作成する

　続いて、定点観測のための撮影用スクリプトpicameraを作成します。繰り返し撮影するので、ファイル名は重複しないように一意である必要があります。ここでは単純にyyyymmddHHMM.jpgというファイル名でNASに保存するようにしています。

```
$ sudo nano /usr/local/bin/picamera
#!/bin/sh
raspistill  -w 1920 -h 1080 -o /mnt/nas/picamera/`date +%Y%m%d%H%M`.jpg
```

スクリプトファイルを作成したら、実行権限を付与します。

```
$ sudo chmod 755 /usr/local/bin/picamera
```

次に、先ほど作成したスクリプトをcronに登録します。5分ごとに撮影を実行する場合は次のように登録します。撮影間隔については適宜変更してください。

```
$ crontab -e
*/5 * * * * /usr/local/bin/picamera
```

cronに登録したら、cronジョブ実行後に撮影されたか確認してみましょう。

```
$ ls -l /mnt/nas/picamera
-rwxrwxrwx 1 pi pi 1022116  1月  3 10:49 201801031049.jpg
-rwxrwxrwx 1 pi pi 1026417  1月  3 10:55 201801031055.jpg
-rwxrwxrwx 1 pi pi 1021086  1月  3 11:01 201801031101.jpg
...
```

7.6　応用編：timerを使ってみよう

cronを使用せずに定点撮影する方法をご紹介します。

これは、従来使われてきたcronの代わりに、systemdのユニットの一つである「timer」を使い、Raspberry Pi Zeroのカメラを決まった時間で自動的に撮影する方法です。timerを使う場合、crontabの設定行を削除してください。

systemd の timer ユニットについて

systemdでは、サービスの起動や停止処理などの管理対象を「ユニット」という概念で定義しています。timerもこの流れでユニットとして定義されます。Raspbian Stretchの前バージョンであるRaspbian Jessieからsystemdが採用されています。

systemctlコマンドでtimerリストを表示してみると、デフォルトで有効になっているtmpファイルのクリーンジョブがスケジュールされていることが分かりますね。

```
$ systemctl --system list-timers
NEXT                      LEFT    LAST                       PASSED
UNIT                      ACTIVATES
Fri 2018-01-05 01:24:52 JST  8h left     Thu 2018-01-04 01:24:52 JST  15h
ago      systemd-tmpfiles-clean.timer systemd-tmpfiles-clean.service
```

準備するファイル

ここでは次の各ファイルを準備してtimerを設定します。.serviceファイルでユニットにどのような処理をするのか、どのターゲットで動作するのかを定義（撮影コマンドを実行）し、.timerファイルで処理時間（撮影する間隔）を定義します。

- スクリプトファイル：/usr/local/bin/picamera
- serviceファイル：/etc/systemd/system/picamera.service
- timerファイル：/etc/systemd/system/picamera.timer

サービスファイルを作成する

サービスファイルを作成して、実行するスクリプトをExecStartに指定します。どのターゲットで動作させるのかは、WantedBy=multi-user.targetのように指定します。multi-user.targetは、かつてのランレベル3（ネットワークありのマルチユーザーモード）相当で動作することを意味します。

```
$ sudo nano /etc/systemd/system/picamera.service
[Unit]
Description= Shooting script

[Service]
Type=simple
ExecStart=/usr/local/bin/picamera

[Install]
WantedBy=multi-user.target
```

systemctlでpicameraを有効化します。省略せずにsudo systemctl enable picamera.serviceとしても動きます。

```
$ sudo systemctl enable picamera
Created symlink /etc/systemd/system/multi-
user.target.wants/picamera.service → /etc/systemd/system/picamera.service.
```

timerを設定する

次は、有効にしたスクリプトに対して、実行する時間を.timerファイルで定義します。OnBootSec=1minでOSのブートが終わってから1分後にtimerが有効化され、OnUnitActiveSec=5minで5分ごとにタイマーをセット、そしてUnit=picamera.serviceにより、ペアになる.serviceユニットがpicamera.serviceであることを定義しています。

```
$ sudo  nano /etc/systemd/system/picamera.timer

[Unit]
Description= Shot every 5 minutes
```

```
[Timer]
OnBootSec=1min
OnUnitActiveSec=5min
Unit=picamera.service

[Install]
WantedBy=multi-user.target
```

timer ファイルを保存したら、systemctl コマンドで picamera.timer を起動します。また、OS 起動時に picamera.timer が起動されるように設定を有効化します。

```
$ sudo systemctl start picamera.timer
$ sudo systemctl enable picamera.timer
Created symlink /etc/systemd/system/multi-user.target.wants/picamera.timer
→ /etc/systemd/system/picamera.timer.
```

timer を確認する

timer が有効になっているか、timer リストで確認してみます。

```
$ systemctl --system list-timers
NEXT                          LEFT          LAST
PASSED        UNIT                          ACTIVATES
Wed 2018-01-03 10:49:22 JST  3min 28s left Wed 2018-01-03 10:44:22 JST
1min 31s ago picamera.timer               picamera.service
```

撮影された写真の保存先のディレクトリを見ると、5分ごとに撮影されていることを確認できます。

```
pi@raspberrypi:~ $ ls -l /mnt/nas/picamera
-rwxrwxrwx 1 pi pi 1022116  1月  3 10:49 201801031049.jpg
-rwxrwxrwx 1 pi pi 1026417  1月  3 10:55 201801031055.jpg
-rwxrwxrwx 1 pi pi 1021086  1月  3 11:01 201801031101.jpg
...
```

timer を停止・無効化したいとき

ここで作成した timer を停止したいときは、次のコマンドを実行します。picamera.timer および picamera.service をどちらも停止させ、OS 起動時にデフォルトで起動しないようにします。

```
$ sudo systemctl stop picamera.timer
$ sudo systemctl stop picamera.service
$ sudo systemctl disable picamera.service
Removed symlink /etc/systemd/system/multi-
user.target.wants/picamera.service.
$ sudo systemctl disable picamera.timer
Removed symlink /etc/systemd/system/multi-user.target.wants/picamera.timer.
```

7.7 まとめ

　本章では、Raspberry Pi Zero にカメラモジュールを接続して、定点観測する方法をご紹介しました。cron または timer で定点撮影した JPEG 写真は、タイムラプス動画を作成することもできます。興味のある方はぜひチャレンジしてみてください。

　次章ではクラウドストレージとの連携方法をご紹介します。

第**8**章

Raspberry Pi Zeroとクラウドストレージ「Azure Files」を連携しよう

本章では、Raspberry Pi Zero からクラウドストレージの
Azure Files へファイルを送る方法を紹介します。

8.1 Raspberry Pi Zero Wからクラウドストレージ「Azure Files」へファイルを送信

　本章では、ファイル共有プロトコルである SMB 3.0 を使って、Raspberry Pi Zero W からクラウドストレージ「Azure Files」へファイルを送信するレシピをご紹介します。

　Azure Files の利点は、SMB 3.0 に対応している自宅マシンや会社マシンから接続してファイル共有したり、オンプレミスネットワークを Azure 仮想ネットワークに接続したりすることにより、他の Azure サービスとの連携などにも利用できる点です。

　例えば、Raspberry Pi Zero W で取得したセンサーデータや画像情報、ログデータなどを Azure Files へ送信します。すると、Azure 上で稼働する Windows Server や Linux の仮想マシンから Azure Files をマウントすれば、Raspberry Pi Zero W から送信されたデータを Azure 内で加工処理・バッチ処理することができます。もちろん Azure のクラウドサービスだけではなく、オンプレミスのサーバーや、Windows、macOS、Linux などのクライアント PC から Azure Files を利用することができます。

　Azure Files は 2019 年 2 月現在、ローカル冗長ストレージ（LRS）選択時、1GiB あたり 6.72 円の従量課金になっています（GiB：ギビバイト、2 の 30 乗バイトを表す単位）。

　Azure Files の料金の詳細については次の Web ページを参照してください。

Azure Files の料金 | Microsoft Azure
https://azure.microsoft.com/ja-jp/pricing/details/storage/files/

補足： Raspberry Pi Zero W 以外からのファイル送信

　Raspbian Stretch 以外の各 OS のファイル共有マウント方法については、マイクロソフトの公式ページをご確認ください。

Windows
https://docs.microsoft.com/ja-jp/azure/storage/files/storage-how-to-use-files-windows

macOS
https://docs.microsoft.com/ja-jp/azure/storage/files/storage-how-to-use-files-mac

Linux
https://docs.microsoft.com/ja-jp/azure/storage/files/storage-how-to-use-files-linux

　利用している PC が SMB 3.0 未対応の場合は、PC に Azure Storage Explorer をインストールしてファイルを送受信する方法や、REST API、Azure CLI2.0 を使う方法が利用できます。詳しくは次の Web ページを参照してください。

Azure Storage Explorer

https://azure.microsoft.com/ja-jp/features/storage-explorer/

File Service REST API

https://docs.microsoft.com/ja-jp/rest/api/storageservices/file-service-rest-api

Azure Storage での Azure CLI の使用

https://docs.microsoft.com/ja-jp/azure/storage/common/storage-azure-cli

また、Azure の同一リージョン内の仮想マシンからは SMB 2.1 で接続可能です。Azure Files の仕様については次の Web ページを参考にしてください。

Azure BLOB、Azure Files、Azure ディスクの使い分け

https://docs.microsoft.com/ja-jp/azure/storage/common/storage-decide-blobs-files-disks

---

補足：Raspbian Stretch からの Azure Files への ファイル共有マウント

Linux の場合、SMB 3.0 の暗号化機能は、Kernel 4.11 で導入されました。この機能を使用すると、オンプレミスまたは他の Azure リージョンからも Azure ファイル共有をマウントできるようになります。よって、Raspbian Stretch からも Azure Files をマウントできるようになります。

なお、カーネルバージョンを確認したい場合は次のコマンドを実行します。

```
$ uname -r
4.14.20+
```

Kernel 4.11 未満でも、smbclient を使った Azure Files への接続は可能です。方法については「8.4 smbclient コマンドを使ったファイル送信」を参照してください。

ファイアウォールでインターネットへの TCP445 が拒否されていると、Azure Files との通信ができません。ご自宅やオフィスのルーターで TCP445 を拒否していないか確認しましょう。アンチウイルスソフトでもファイアウォール機能が有効になっている場合があるので、もしつながらない場合は確認してみましょう。

8.2 ストレージの作成および設定

Azure で作成したリソースグループに、Raspberry Pi Zero W と連携する Azure Files を作成します。

ストレージアカウントの作成例

Azureポータルを開き、ストレージのセットアップを行います。

● ストレージアカウントの作成例

名前は、自身のアカウント内ではなく、Azure全体でユニーク（一意）である必要があります。

- 名前：ユニークな名前を入力
- デプロイモデル：Resource Manager
- アカウントの種類：Storage（汎用 v1）
- パフォーマンス：Standard
- レプリケーション：ローカル冗長ストレージ（LRS）
- 安全な転送が必須：無効
- リソースグループ：pi-zero
- 場所：東日本

ファイル共有設定

続いて、ファイル共有の設定をします。次の手順で行います。詳細は画像を参照してください。

1. 「ストレージアカウント」の「概要」で「ファイル」を選択する
2. 「＋ファイル共有」をクリックしファイル共有を新規作成する
3. クォータを設定して容量の上限（GiB指定）を設定する

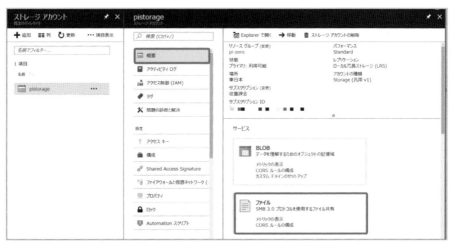

● 「ストレージアカウント」の「概要」で「ファイル」を選択する

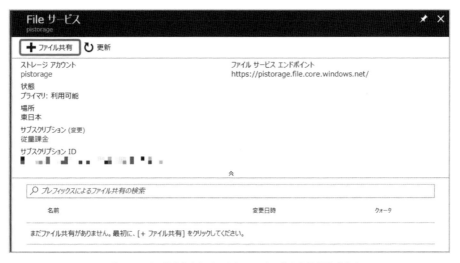

● 「＋ファイル共有」をクリックしファイル共有を新規作成する

● クォータを設定して容量の上限（GB指定）を設定する

共有ファイル用ディレクトリ「pifile」が作成されます。

8.3 Raspberry Pi Zero WからAzure Files をマウントする方法

　まず、次のコマンドでRaspbian Stretchのパッケージアップデート、およびファームウェア（Kernel）アップデートを実施します。アップデート後、OSを再起動します。なお、Kernel 4.11以上の場合はこの作業は不要です。

```
$ sudo apt update
$ sudo apt upgrade
$ sudo rpi-update
$ reboot
```

OS再起動後、Kernel 4.11以上になっているかをunameコマンドで確認します。

```
$ uname -r
4.14.20+
```

次に、smbclientをインストールをします。

```
$ sudo apt install smbclient
```

マウントポイント用に/mnt/azureディレクトリを作成します。

```
$ sudo mkdir /mnt/azure
```

マウントしたいFileサービスを選択します。「接続」をクリックして、「Linuxからの接続」に記載されているコマンドをクリップボードにコピーします。

第8章　Raspberry Pi Zeroとクラウドストレージ「Azure Files」を連携しよう

　そして、クリップボードにコピーしたコマンドを Raspbian Stretch で実行し、Azure Files をマウントします。マウントポイントには先ほど作成したディレクトリ（/mnt/azure）を指定します。

```
$ sudo mount -t cifs //ストレージアカウント名.file.core.windows.net/共有名
/mnt/azure -o vers=3.0,username=pistorage,password=key,dir_mode=0777,
file_mode=0777,sec=ntlmssp
```

　df コマンドを実行して、Azure Files がマウントされているか確認してみましょう。また、touch コマンドで、Azure Files にファイルを新規作成できるかを確認しましょう。

```
$ df -h
$ touch /mnt/azure/test.txt
$ ls -l /mnt/azure/test.txt
```

Azure Files を永続的にマウントする方法

　mount コマンドで実行した内容は、OS を再起動すると設定が消えてしまいます。永続的に使用したい場合は /etc/fstab にファイル共有のマウントポイントを設定します。

```
$ sudo nano /etc/fstab
//ストレージアカウント名.file.core.windows.net/共有名 /mnt/azure cifs nofail,
vers=3.0,username=ストレージアカウント名,password=key,dir_mode=0777,
file_mode=0777,serverino
```

　設定後、OS を再起動するか、次の mount -a コマンドを実行してマウントポイントを読み込みます。

```
$ sudo mount -a
$ df -h
```

106

8.4 smbclientコマンドを使ったファイル送信

　Azure Files をマウントせず、ファイルを送信する方法をご紹介します。
　前節の方法と同様に、まず、smbclient をインストールをします。

```
$ sudo apt update
$ sudo apt install smbclient
```

　smbclient のインストールができたら Azure Files に接続しましょう。Azure ポータルを開き、作成した File サービスを選択して、「アクセスキー」からストレージアカウント名と Key を確認します。

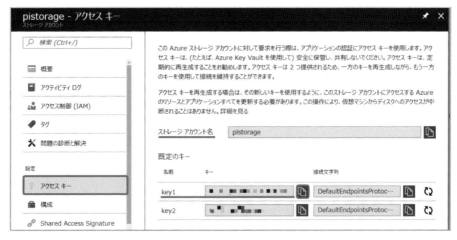

● 「アクセスキー」からストレージアカウント名と Key を確認する

　--user=[ストレージアカウント名]%[password] のように、% のあとに password（key1 または key2）を入力します。

```
$ sudo smbclient //[ストレージアカウント名].file.core.windows.net/[共有ファイル用ディ
レクトリ] --user=[ストレージアカウント名]%[password]  -mSMB3
WARNING: The "syslog" option is deprecated
Domain=[X] OS=[] Server=[]
smb: \>
```

> ### 補足
>
> WARNING: The "syslog" option is deprecated と警告文が出る場合があ
> りますが、こちらは無視して構いません。気になる場合は smb.conf の設定を次のように変
> 更します。
>
> ```
> # sudo vi /etc/samba/smb.conf
> syslog = 0
>
> ↓
>
> # syslog = 0
> ```

8.5　ファイルのアップロードをしてみよう

smbclient でファイルをアップロードしてみましょう。手順は次の通りです。

1. lcd コマンドでローカル（Raspberry Pi Zero W）側でディレクトリを移動する
2. !ls コマンドでローカルディレクトリをリスト表示する
3. put コマンドでファイルをアップロードする

```
smb: \> lcd img
smb: \> !ls
pi-camera.jpg
smb: \> put pi-camera.jpg
putting file pi-camera.jpg as \pi-camera.jpg (1664.0 kb/s) (average 1664.0
kb/s)
smb: \> ls
  .                                   D        0  Tue Jan  2 21:24:34 2018
  ..                                  D        0  Tue Jan  2 21:24:34 2018
  pi-camera.jpg                       A  1172341  Sun Jan  7 10:59:28 2018

              163840 blocks of size 65536. 163822 blocks available
smb: \> quit
```

クライアント PC からの確認（Windows 10 の場合）

Azure Files をマウント済みの PC からも確認してみましょう。Azure ポータルのストレージ
アカウントから「ファイル共有」→「Windows からの接続」でドライブ文字を選択し、コマンド
をコピーします。

そして、Windows 10 の PC で PowerShell を開き、コピーしたコマンドを貼り付けて、コマンドを実行します。

次の画像は、Windows 10 から Azure Files をマウントし、エクスプローラーで表示した状態です。カメラモジュールを接続した Raspberry Pi Zero W で撮影した写真データが、エクスプローラーで確認できました。

● Windows 10 から Azure Files をマウントした様子。Raspberry Pi Zero W からアップロードされた
ファイルをエクスプローラーで確認できた

8.6 まとめ

　本章では、Raspberry Pi Zero W からクラウドストレージである Azure Files に連携する方法を紹介しました。Raspberry Pi Zero W から Azure Files へ定期的にアップロードするプログラムを作ることで、他の PC からデータを確認したり、加工したりすることができます。

　これにより、画像合成や分析など、Raspberry Pi Zero W では CPU の性能が足りずに難しかった処理をクラウドコンピューターで実現するなど、一歩進んだ IoT の用途にも応用できます。クラウドストレージとのファイル連携にぜひチャレンジしてみましょう。

　次章は、読者の皆さまお待ちかねの IoT プラレール（前編）です！

第**9**章

Raspberry Pi Zeroで
IoTプラレールを作ってみよう
〜プラレールに基板を実装する

本章では、Raspberry Pi Zero W をプラレールの貨車に搭
載し、Web アプリで「IoT プラレール」を制御する方法を
ご紹介します。

9.1 IoTプラレールを制御する仕組み

 <chap>{ch01} でもご紹介した通り、筆者は IoT プラレールを作ることを目標に Raspberry Pi Zero と電子工作を始めました。

 本章と次章は、これまで試行錯誤してきたレシピの集大成となります。なお、この Web アプリは第 4 章で紹介したプログラムの応用編です。

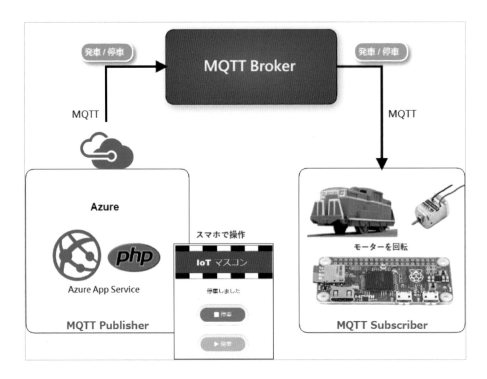

 IoT プラレールを制御する仕組みは、大まかには次の流れになります。

1. Web アプリの「発車 / 停車」ボタンを押す（MQTT Publisher）
2. MQTT Broker でメッセージを受け取る
3. Raspberry Pi Zero W でメッセージを受け取り（MQTT Subscriber）、モーターの制御をする（GPIO）

 まずは、プラレールと貨車を改造して準備し、Raspberry Pi Zero W につなぎます。そして、Azure の PaaS のサービスである「Azure App Service」で PHP をインストールし、PHP で動作する Web アプリを準備します。

 Web アプリのボタンを押すことにより、メッセージ（データ）が送信されます。そのとき、MQTT（Message Queue Telemetry Transport）という通信プロトコルを使用し、メッセージは MQTT Broker に送信されます。その後、Raspberry Pi Zero W で MQTT Broker のメッセージを受け取り、モーターを「発車 / 停車」させます。

Azure App Service の詳細については、次のマイクロソフトの公式ドキュメントをご覧ください。

- https://docs.microsoft.com/ja-jp/azure/app-service/

9.2 用意するもの

●表9.1 準備するもの

製品名	メーカーまたは販売元
プラレール EH200 ブルーサンダー S-52 など https://www.takaratomy.co.jp/products/lineup/detail/plarail421528.html ※単2電池で動くプラレール	タカラトミー
プラレール KF-10 トミカ搭載貨車 https://www.takaratomy.co.jp/products/lineup/detail/plarail393467.html	タカラトミー
Raspberry Pi Zero W （ピンヘッダ実装済みであること。Raspberry Pi Zero WH でも可）	スイッチサイエンス
プロトタイピングボード ProtoZero https://shop.pimoroni.de/products/protozero	Pimoroni
ブラシモーター制御IC「ROHM BD65496MUV」 https://www.switch-science.com/catalog/2422/	スイッチサイエンス
2ピン JST プラグ コネクター ケーブル ワイヤー オス＋メス 100mm https://www.amazon.co.jp/dp/B00KKGG0ZS	GAOHOU
DC-DC コンバーター「POW00900M」	Seeed Studio
ミニ四駆用パーツ GP.343 マルチセッティングウェイト https://www.tamiya.com/japan/products/15343/index.html	タミヤ
Canvas 3200mAh IoT 機器対応 モバイルバッテリー ホワイト CHE-061 https://www.amazon.co.jp/dp/B018KD0D82/	cheero

入手が難しい場合、次の代替品を検討してください。

DC-DC コンバーターの代替品

DC-DC 1.23V-30V LM2596 降圧コンバーター

https://www.amazon.co.jp/dp/B01N6B4ZS3/

ProtoZero の国内代替品

サンハヤト UB-RPI03 Raspberry Pi Zero 用 ユニバーサル基板

https://www.sengoku.co.jp/mod/sgk_cart/detail.php?code=EEHD-585R

ProtoZero の入手

ProtoZero はプロトタイピング用の簡単なボードで、はんだ付け回数を少なくすることができます。英国の Pimoroni のサイトから購入できます。なお、日本の Amazon でも ProtoZero を輸入販売している業者がありますが、少し割高になっています[注1]。

注1) https://www.amazon.co.jp/exec/obidos/ASIN/B01EFCT1C6/

ProtoZero を使用せず、ユニバーサル基板で自作する方法でも OK

また、ProtoZero を使わず、長方形のユニバーサル基板を購入し自作しても構いません。その場合は、はみ出る部分をカットします。ただし、リード線とはんだ付けの箇所が多くなるので覚悟が必要です。

後部車両のモバイルバッテリー

後部車両に搭載されている「Canvas 3200mAh IoT 機器対応 モバイルバッテリー」は、改造した USB ケーブルを経由して Raspberry Pi Zero W の VCC（+5V）と GND（-）に直接流し込んでいます。microUSB 端子を経由して大電流を流そうとした場合、Raspberry Pi Zero W の回路内に大電流が流れてしまいます。microUSB 端子をプラレールのトンネルパーツと組み合わせると、トンネルにひっかかることもあります。

また、電源ソケット形状にすることで後々に取り回ししやすくなります。なおモバイルバッテリーのケーブルの改造は、テスターなどを使い慎重に行ってください。

ProtoZero 上に作った回路がショートしていた場合や、改造した USB ケーブルで端子がむき出しとなった場合、モバイルバッテリー側で過電流が流れて故障する可能性があります。安全のため、短絡保護回路や過電流保護回路が備わったモバイルバッテリーを利用してください。

注意：プラレールに使われる電池の種類

プラレールの車両には単2電池または単3電池を利用するモデルがあります。単2電池で駆動するモデルのほうが改造しやすいので車両を選ぶときには注意しましょう。

なお、単3電池モデルの場合は、以降で紹介する手順の通りに改造することができないのでご注意ください。

また、商品リニューアルのため、これまで単2電池で駆動していたプラレールが単3電池モデルになっている場合があります。ご購入時には商品の仕様を十分に確認することをおすすめします。

9.3　IoTプラレールの仕組み

IoT プラレールを「前進」と「停止」させるには、MQTT プロトコルで特定のメッセージを渡すことで可能になります。IoT プラレールでは、プラレール本体の改造は最小限にしています。先頭車両には DC-DC コンバーターとミニ四駆のウエイトパーツを付けています。

プラレール貨車について

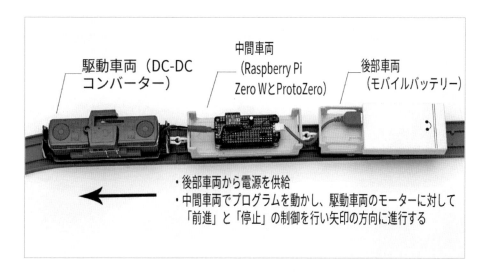

中間車両と後部車両には、プラレール KF-10 トミカ搭載貨車を使っています。

貨車の改造方法

トミカ搭載貨車は 2 車両必要で、Raspberry Pi Zero W を載せる中間車両と、モバイルバッテリーを搭載する後部車両を用意します。プラスチック部分をニッパーで少し切り取っています。

ProtoZero の使用

メイン回路の基板は、Pimoroni で購入できる ProtoZero という Raspberry Pi Zero W 用のユニバーサル基板を使って組んでいます。

ProtoZero は、はんだ付けが苦手なユーザーの味方

ProtoZero は、はんだ付けする箇所が少なく、はんだ付けが苦手な方でも自作の基板作りがしやすくなります（筆者ははんだ付けが苦手なので、ProtoZero にかなり助けられました）。

ProtoZero の形状は通常の Raspberry Pi シリーズ向けユニバーサル基板の半分のサイズになっていて、Raspberry Pi Zero の上に載せてもフットプリントは変わりません。

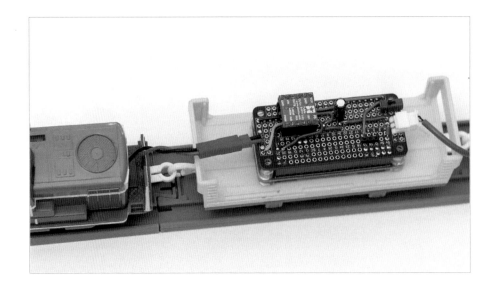

　Raspberry Pi Zero W と ProtoZero で作った自作基板を、強力両面テープで中間車両の荷台部分に取り付けます。

駆動車両の DC-DC コンバーター

　Raspberry Pi Zero W から駆動車両にはモータードライバーを経由して 5V 電圧で直接送っています。これは中間車両にレギュレーターや DC-DC コンバーターを載せるスペースがないためです。

後進できないけれど、前進あるのみで割り切って OK

　先頭の駆動車両の内部に小型の DC-DC コンバーターを搭載しています。そのため、逆電流を流すことができず、後進することができない仕様です。

　幸いにもプラレールは「前進あるのみ」が基本姿勢なので、この点は影響はありません（元々、後進することを考慮していないプラレール車両を後進させるとレールから脱線してしまいます）。

9.4　IoTプラレール 基板実装 制御系その1： ProtoZeroおよび電源系の紹介

ProtoZero の配線について

　ProtoZero は四角で囲まれた隣接する 3〜4 個のホール同士が基板内でつながっています。はんだ付けを行ったあとにテスターを使って十分にテストしてください。

また、Raspberry Pi Zero W の 40 ピン端子は横の 40 ピンホールと内部でつながっているため、ピンヘッダと別の配線が同じホールにまとまり、はんだ付けすることなく、基板上でのスッキリとした配線が可能です。

ピンソケットをはんだ付けする際の注意点

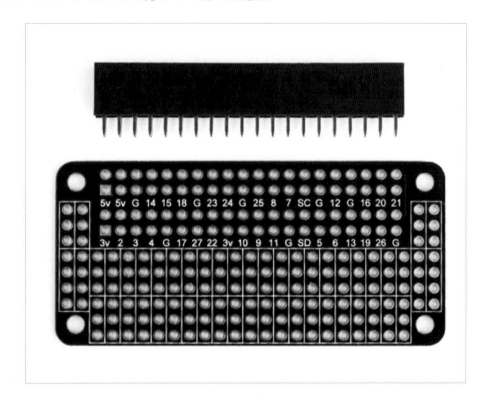

ProtoZero を購入すると 40 ピンのピンソケットが付いてくるので、これを ProtoZero にはんだ付けします。このとき、**40 ピン全てをはんだ付けすると大変なので、左右の端を 4 ピンずつはんだ付けしてください**。また、ピンソケットが基板に対して**直角**になるようにしてください。傾いていると Raspberry Pi Zero W を傷付けてしまう恐れがあります。

ここでは 40 ピンの中でも、+5V、GND、GPIO20、GPIO21 の 4 つを使います。具体的なピンアサインについては次節で解説します。

第9章　Raspberry Pi ZeroでIoTプラレールを作ってみよう〜プラレールに基板を実装する

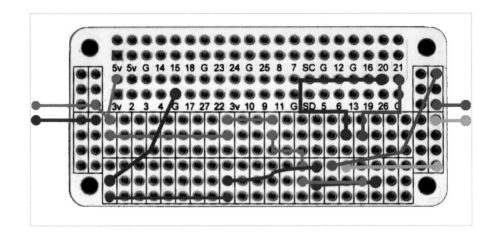

　モータードライバーの足を乗せる場合には、基板の向きに気を付けてください。40ピンを上にして左側にモバイルバッテリーからの入力を、右側に駆動車両への出力を実装すると配置的によいでしょう。

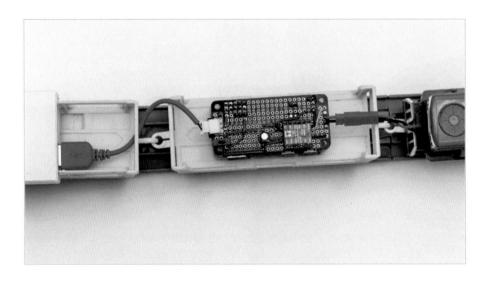

　被覆ワイヤーを直接基板にはんだ付けしても動きますが、プラレールは1両ずつ分割できる仕組みになっているため、それに合わせて2ピンの小型コネクターで接続するほうがよいでしょう。
　今回は入力側と出力側で別々の形状のコネクターを採用しました。ラジコンのバッテリーに使われているJST BECコネクターやPHコネクターがおすすめです。

新5ペア2ピンJSTプラグコネクタケーブルワイヤオス＋メス100mm（Amazon）
　https://www.amazon.co.jp/dp/B00KKGG0ZS

　これは子どもが遊ぶとき、間違えて差し込まないようにするための工夫です。

9.5 IoTプラレール 基板実装 制御系その2：モータードライバー

モータードライバーの選定

モーターの駆動を制御するためにモータードライバーが必要です。ROHM社のブラシモーター制御IC「BD65496MUV」を搭載した小型モータードライバーユニットを使用しました。

スイッチサイエンスで「BD65496MUV搭載モータードライバー（POLOLU-2960）[注2]」という商品名で販売されています。片面6ピンずつ合計12ピンで、基板のフットプリントが少ないという特徴があります。

一般的にモータードライバーは、制御IC用の電源と、実際にモーターに供給する電源を別系統で供給できます。今回はIoTプラレールの仕組みを簡素化するために同じ電源を使用します。別々に供給すれば、制御用に5V、モーター用に1.8Vといった組み合わせも可能です。

モーター用に別系統でアルカリ乾電池を使うと比較的安定して動きます。その場合、乾電池の配置について考慮する必要があります。

モータードライバーのつなぎ方

参考として、ProtoZeroの回路図を再掲します。

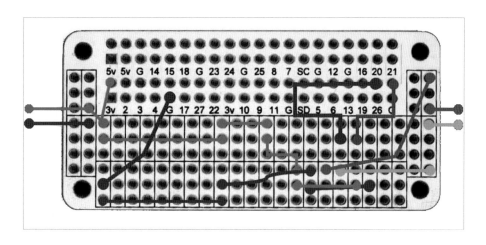

モータードライバーのつなぎ方は、次の手順になります。

1. モータードライバーのVCCとVINにはモバイルバッテリー5V電源をつなぎ、2つのGNDにはマイナスをつなぐ（モーター用に別系統の電源を使う場合は、VINに別系統の電源をつなぐ）
2. INA、INBはRaspberry Pi ZeroからきたGPIOにつなぐ

注2) https://www.switch-science.com/catalog/2422/

3. OUTA と OUTB は、それぞれ駆動車両につながるモーター用の２ピンソケットにつなぐ

このとき、OUTA にはプラス、OUTB にはマイナスが流れるようにします。**電極を逆にすると DC-DC コンバーターが発熱して高温になりますのでご注意ください。**

制御方法

- INA が LOW、INB が LOW のとき：電車は停止
- INA が HIGH、INB が LOW のとき：電車は発進

つまり、Ｌチカさせるプログラムが書ければ、このモータードライバーは制御可能です。

補足

モータードライバーの仕様としては、INA が LOW、INB が HIGH のときに後進できますが、今回の構成ではモータードライバーの先に DC-DC コンバーターがあるので後進はできません。また、PWM でモーターの速度をコントロールすることも可能ですが今回は簡素化するために使用していません。

発進時に電源が安定せずリセットされる場合は、5V 電源とモータードライバーの間に 470uF ぐらいの電解コンデンサーを追加で入れると安定します。

基板上に６ピン×２セットのピンソケットをはんだ付けしたあとにチップを載せる形で取り付けると、はんだ付け作業時にモータードライバーの制御 IC にダメージを与えることがなくなります。

次に、駆動車両の DC-DC コンバーターについてご紹介します。

9.6 IoTプラレール 基板実装 駆動系：DC-DCコンバーター

DC-DC コンバーターの調達

プラレールに搭載されているモーターを安全に駆動させる使用電圧範囲は 1.5V ～ 3.0V です。安定した走行をするには、Raspberry Pi Zero から供給される電圧 5V を 1.5V ～ 1.8V 程度に下げる（降圧する）ことが必要です。降圧せずに 5V のまま出力すると、モータードライバーが焼けて故障してしまうからです。出力電圧を降圧させるために、DC-DC コンバーターを使います。

DC-DC コンバーターは、出力電圧 1.5 ～ 1.8V あたりに調整でき、1A 程度流せるものを購入しましょう。この調整作業が結構大変ですが、「Seeed Studio POW00900M」という DC-DC コンバーターは適切です。単2電池と同じぐらいのフットプリントなので、プラレールに搭載するのにちょうどよい大きさです。

重さの調整

　DC-DCコンバーターは、本来プラレール内の電池を入れる場所に設置します。ねじ止めするのは大変なので強力両面テープで貼り付けます。この際に電池を入れない分、駆動車両の先頭部分が軽くなるためミニ四駆のウエイトパーツをDC-DCコンバーターの下に貼り付けます（このウエイトパーツも両面テープで貼り付けるタイプです）。

　駆動車両の先頭の車輪が浮いてしまうと、坂道レールが上れなくなる、カーブレールで脱線するといった問題が発生するので、重さの調整は必ず行いましょう。単2電池はアルカリ電池の場合で60〜70g程度あります。したがって、ミニ四駆のセッティングウエイトには結構な重さを入れて調整しなければなりません。

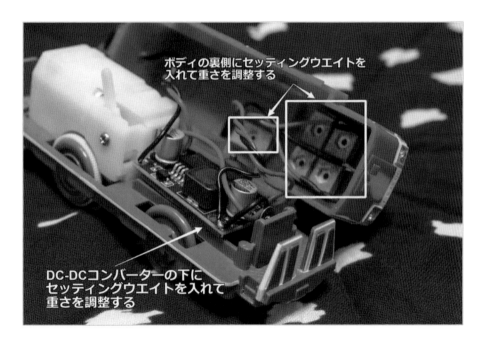

　そこで、DC-DCコンバーターの下には3gのセッティングウエイトを3つぐらい入れましょう。また、ボディの裏側にも2gのセッティングウエイトを中心に4〜5つぐらい貼り付けてください。車体が浮かないように、車輪周りにもセッティングウエイトを入れて調整してください。

第9章 Raspberry Pi ZeroでIoTプラレールを作ってみよう〜プラレールに基板を実装する

そうすれば17g〜19g程度重くなり、重心が安定します。何個セッティングウエイトを貼り付けるかは駆動車両のモデルによるので、発進時に先頭の車輪が浮かなくなるまでいろいろ試してみてください。また、坂レール[注3]で上りと下りを行える程度の重さが適正です。

はんだ付けのコツ

　DC-DCコンバーターをはんだ付けする場合に、プラレールの電極のマイナス側にピンバイスで1mm程度の穴を開けるとジャンパーワイヤーのはんだ付けが楽になります。プラレールのプラス側の仕様はプラレールのモデルによって異なります。うまく工夫して、はんだ付けしてください。プラレールの電極側にフラックス[注4]を塗ると、はんだの付きがよくなって楽になると思います。

9.7 まとめ

　本章ではプラレールと貨車を改造して準備するところまでを紹介しました。準備するパーツは多いですが、ぜひ自分の好きな車体を選んで改造してみましょう。
　次章では実際にPythonのプログラムでプラレールを動作させ、MQTTプロトコルを使ってWebアプリ上から制御する方法をご紹介します。

注3) 参考: https://www.takaratomy.co.jp/products/plarail/concierge/plan/plan19.html
注4) http://handa-craft.hakko.com/support/flux.html

第 **10** 章

Raspberry Pi Zeroで
IoTプラレールを作ってみよう
〜PythonとAzureで
Webアプリから制御する

最終章となる本章では、Raspberry Pi Zero W をプラレールの貨車に搭載し、Web アプリで「IoT プラレール」を制御する方法をご紹介します。

第10章　Raspberry Pi ZeroでIoTプラレールを作ってみよう〜PythonとAzureでWebアプリから制御する

10.1　IoTプラレールをPythonのコードで動かす〜テスト走行

　前章では、プラレールと貨車を改造して準備するところまで紹介しました。本章ではPythonのプログラムでプラレールを動作させてみます。まずはテスト走行です。

事前セットアップ

　テスト走行を始める前に、Raspberry Pi Raspbian Stretchのパッケージアップデートを実行し、再起動を行います。

```
$ sudo apt update
$ sudo apt upgrade
$ sudo reboot
```

　Raspberry PiをMQTT Subscriberとして動作させるため、次の必要パッケージをインストールします。

```
$ sudo apt install python-rpi.gpio
$ pip install paho-mqtt
```

　gitコマンドでIoTプラレール用のSubscriberを展開します。次の手順で紹介するサンプルコードmotor_on_off.pyも、以下のリポジトリに格納されています。

```
$ git clone https://github.com/manami-taira/iot-plarail-subscriber.git
```

モーター制御

　まず、モーターを制御するにあたり、Pythonのサンプルコードをご紹介します。動作確認用のサンプルコードのmotor_on_off.pyについて説明します。

●サンプルコード：motor_on_off.py

```
#-*- coding: utf-8 -*-
import RPi.GPIO as GPIO
import time

IN_A = 20 #GPIO:20
IN_B = 21 #GPIO:21

def gpio_init():
        GPIO.setmode(GPIO.BCM)
        return

def gpio_cleanup():
        GPIO.cleanup()
        return
```

124

```python
def motor_init():
        gpio_init()
        GPIO.setup(IN_A,GPIO.OUT)
        GPIO.setup(IN_B,GPIO.OUT)
        motor_stop()
        return

def motor_forward():
        GPIO.output(IN_A,GPIO.HIGH)
        GPIO.output(IN_B,GPIO.LOW)
        return

def motor_stop():
        GPIO.output(IN_A,GPIO.LOW)
        GPIO.output(IN_B,GPIO.LOW)
        return

def main():
        motor_init()
        motor_forward()
        time.sleep(2.0)
        motor_stop()
        gpio_cleanup()
        return

if __name__ == "__main__":
        main()
```

少し行数が多いですが、 main() 関数の部分からたどって解説していきます。

```python
def main():
        motor_init()
        motor_forward()
        time.sleep(2.0)
        motor_stop()
        gpio_cleanup()
        return
```

まず、 GPIO.setmode(GPIO.BCM) を指定することで Raspberry Pi の 40 ピンの表記名と同じモードで初期化します。 gpio_init() は motor_init() の中から呼ばれています。

```python
def gpio_init():
        GPIO.setmode(GPIO.BCM)
        return
```

GPIO:20 と GPIO:21 を OUTPUT モードに指定します。

```python
def motor_init():
        gpio_init()
        GPIO.setup(IN_A,GPIO.OUT)
        GPIO.setup(IN_B,GPIO.OUT)
        motor_stop()
        return
```

第10章　Raspberry Pi ZeroでIoTプラレールを作ってみよう～PythonとAzureでWebアプリから制御する

　そして、GPIO:20をLOW、GPIO:21をLOWにセットして初期化します。

```
def motor_stop():
        GPIO.output(IN_A,GPIO.LOW)
        GPIO.output(IN_B,GPIO.LOW)
        return
```

　続いてGPIO:20をHIGH、GPIO:21をLOWにセットします。

```
def motor_forward():
        GPIO.output(IN_A,GPIO.HIGH)
        GPIO.output(IN_B,GPIO.LOW)
        return
```

　この次のtime.sleep()関数で、走行させたい秒数を指定します。
　最後に車両を停止させるために、GPIO:20をLOW、GPIO:21をLOWにセットします。

```
def motor_stop():
        GPIO.output(IN_A,GPIO.LOW)
        GPIO.output(IN_B,GPIO.LOW)
        return
```

　動作確認時は駆動車両をレールに載せずにペットボトル飲料のキャップに載せて車輪を浮かせるか、横に90度倒した状態で確認するとよいでしょう。レールの上で行うとHDMIケーブルやシリアルケーブルがつながった状態で発進してしまい大変なことになります。
　ここで紹介したサンプルプログラムでは、外部から操作できません。Wi-Fi経由でRaspberry Pi Zero WにSSHでログインしてから、Pythonのコードを実行すると動作確認しやすいです。
　次のようにPythonコマンドで実行すると駆動車両のモーターが2秒間動いて静止します。

```
# python ./motor_on_off.py
```

　ただ、コマンドラインから操作するだけでは子どもに遊ばせるのは難しいでしょう。そこで次に、MQTTプロトコルを使ってWebブラウザーから操作する「IoTマスコン」を作る方法をご紹介します。

126

10.2 AzureでIoTマスコンを作ってみよう

第4章でも紹介したAzure Web Apps[注1]を利用します。

IoTクリスマスツリーと同じ動作原理になりますが、Web AppsのDockerコンテナー上に、MQTT PublisherをMQTT Brokerへ送信するWebアプリをデプロイします。そしてRaspberry Pi Zero W本体でMQTT Brokerのモードを受け取るSubscriberを実行し、モーターの発車・停車をRaspberry Pi Zero WのGPIOで制御します（第9章参照）。

では、アプリ一覧ページでマイクロソフト公式の「Web App」を選択してください。アイコンが表示されない場合は、検索バーで「Web App」と入力し、検索します。

次の情報でDockerコンテナーを作成します。

- アプリ名：ユニーク（一意）となるアプリ名
- サブスクリプション：利用中のサブスクリプションを選択
- リソースグループ：新規作成
- OS：Linux
- 公開：コード
- App Service プラン / 場所：次の手順を参照
- ランタイムスタック：PHP 7.0

注1) https://azure.microsoft.com/ja-jp/services/app-service/web/

　Azure Web Appsで作成したDockerコンテナーへ簡単にアクセスするために、Webブラウザーから SSH ができるツール「Web SSH」を使います。「App Service」→「開発ツール」→「SSH」を選択し、「移動」をクリックします。
　Webブラウザー上からSSHできるようになります。
　ここで作成した Web App の Docker コンテナーでは Ubuntu が動作しているので、apt-get コマンドを使ってパッケージリストの更新を行います。その後、Git をインストールします。

```
# apt-get update
# apt-get install git
```

　gitコマンドでWebアプリ用のプログラムをコピーします。そのとき、デフォルトのドキュメントルートとして指定されている /var/www/html 配下にコンテンツが格納されるように、コピー先のディレクトリ名を指定します。
　コピーする際は、/var/www/htmlにデフォルトで用意されているページであるhostingstart.htmlを削除してから作業します。

```
# rm /var/www/html/hostingstart.html
# git clone https://github.com/manami-taira/iot-mascon /var/www/html
```

/var/www/htmlのディレクトリに、次のようにファイルが配置されていれば成功です。

```
# ls -1 /var/www/html
LICENSE
README.md
buttons.css
index.php
phpMQTT.php
test_publisher.php
title.png
```

プランと場所を選択したいとき

　Web Appの料金プランと場所（リージョン）を指定したいときは、「App Service プラン/場所」から「新規作成」を選択します。ここでは最安価の「B1 Basic」プランを適用することをおすすめします。ここでは次のように入力して「OK」を押します。

- App Service プラン：任意のプラン名
- 場所：Japan East（東日本）
- 価格レベル：B1 Basic

　最後に「作成」ボタンを押し、Web Appを作成します。

Sandbox 使用時の注意点

　ここでは「まずは動かしてみる」観点から Sandbox を使用しています。Sandbox の URL である iot.eclipse.org は、あくまでもテスト目的のための MQTT Broker です。テスト利用ではなく本格使用をしたい場合は、Active MQ などの MQTT Broker を別途準備してください。

　Sandbox を使用するとき、指定した topic が他のユーザーと同一で、かつ同一タイミングで実行すると、メッセージの送受信に失敗する恐れがあります。そのため topic 名（ここでは eh200）は必要に応じて変更してください。

　Eclipse の MQTT Broker の詳細については次の Web ページを参照してください。Sandbox を無償で提供している性質上、予告なくメンテナンスが入り、つながらなくなることがあるのでご注意ください。

> **iot.eclipse.org - IoT development made simple**
> https://iot.eclipse.org/getting-started/#sandboxes

Subscriber の設定

ここでの作業は Azure の Docker コンテナー内ではなく、Raspberry Pi Zero W 上で行います。git コマンドで展開した iot-plarail-subscriber ディレクトリに移動し、プログラム iot_plarail_subscriber.py で指定されている MQTT Broker を次のように変更します。

```
$ cd iot-plarail-subscriber
$ nano iot_plarail_subscriber.py

mqtt_broker="example.com"
#mqtt_broker="iot.eclipse.org"

↓

#mqtt_broker="example.com"
mqtt_broker="iot.eclipse.org"
```

スクリプトに chmod コマンドで実行権限を付与してから、sudo コマンドで実行します。

```
$ chmod 755 iot_plarail_subscriber.py
$ sudo ./iot_plarail_subscriber.py
```

MQTT Broker からメッセージが送信されているか確認するには、Web App の「発車 / 停車」ボタンを押しながら、Raspberry Pi Zero W のターミナルで実行結果を確認します。実際にプラレールが「発車 / 停車」できたか、実機を確認してみましょう。

バックグラウンドで動作させたいとき

なお、Raspberry Pi Zero W のターミナルを閉じても、バックグラウンドで実行させたい場合は、次のように実行します。

```
$ sudo nohup ./iot_plarail_subscriber.py &
```

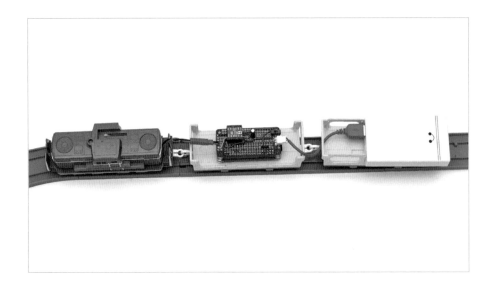

　ここで使用したAzureのWeb Appsを楽しんだあとは、忘れずにリソースを削除しましょう。

10.3　子どもとの楽しい遊び方

楽しい遊び方 その1

　1周するレイアウトをプラレールで作ります。ストップレールは置かずに駅パーツだけ配置します。IoTマスコンを使って駅から発車させて、駅パーツの場所で停車してみましょう。

楽しい遊び方 その2

IoTプラレールを2セット作ります。そしてそれぞれに別々のTopic名を付与します。IoTマスコンは使わずにそれぞれの運行指示をプログラムで記述します。

こちらは子どもと一緒にプログラミングを始める楽しいきっかけになるでしょう。

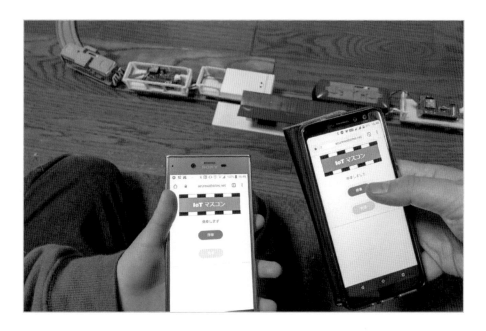

10.4　最後に

　第1章の冒頭でもご紹介しましたが、壊れたプラレールをIoT化しようと試行錯誤をしたのがきっかけでIoTを始め、そのブログが反響を呼んで今回の執筆に至りました。当時4歳だった長男は7歳になり、今では一緒にIoTやプログラミングを楽しめるようになりました。IoTプラレールを始め、もの作りを通して得られる家族の時間はとてもかけがえのないものだと感じています。筆者も引き続き家庭で楽しめるIoTを研究し、ブログなどで発信していきます。

　Raspberry Pi Zeroを使い、全10章にわたってIoTの作例をご紹介しました。これまで紹介したレシピを元に、ご自身がIoTで実現したいアイデアからオリジナルのIoTレシピを作ってみましょう。

　また、2018年1月より、ピンヘッダ実装済みのRaspberry Pi Zero WH [注2]が発売され、IoTを始めるためのハードルはより低くなりました。まずは、ご家庭や職場で簡単にスタートしてみてはいかがでしょうか。

　最後までお読みいただきありがとうございました。

注2) https://www.switch-science.com/catalog/3646/

平 愛美（タイラ マナミ）

熊本県出身のITエンジニア。2児の母で、趣味は写真とグルメ。最近はRaspberry Pi、Arduinoを使った家庭内IoTについて日々研究するIT系母ちゃんとして活躍中。主な著書は、『改訂3版 Linuxエンジニア養成読本』（寄稿、技術評論社 刊）、『Linuxシステム管理標準教科書』（共著、LPI-Japan）など。

- ブログ：Mana Blog Next（https://www.mana-cat.com/）
- Twitter：@mana_cat

Raspberry Pi Zeroではじめよう！
おうちで楽しむIoTレシピ

2019年5月15日　　初版第1刷発行（オンデマンド印刷版Ver. 1.1）

著　者　　平 愛美（たいら まなみ）
発行人　　佐々木 幹夫
発行所　　株式会社 翔泳社（https://www.shoeisha.co.jp/）
印刷・製本　　大日本印刷株式会社

©2019 Manami Taira

- 本書は著作権法上の保護を受けています。本書の一部または全部について（ソフトウェアおよびプログラムを含む）、株式会社 翔泳社から文書による許諾を得ずに、いかなる方法においても無断で複写、複製することは禁じられています。
- 本書へのお問い合わせについては、2ページに記載の内容をお読みください。
- 落丁・乱丁本はお取り替えいたします。03-5362-3705までご連絡ください。

ISBN 978-4-7981-6166-2　　　　　　　　　　　　　　　　　　　　　Printed in Japan

制作協力 株式会社トップスタジオ（https://www.topstudio.co.jp/）　＋VersaType Converter